教科書の公式ガイドブック

教科書ガイド

東京書籍 版

新しい科学

—— 完全準拠 ——

中学理科

1年

教科書の内容が
よくわかる

編集発行 あすとろ出版

もくじ

この本の内容

　この本は，東京書籍の教科書「新しい科学」にピッタリ合わせてつくられていますので，授業の予習・復習や定期テスト対策が効率的にできるようになっています。

この本は次の❶〜❻を中心に構成されています。

❶「要点のまとめ」で教科書の内容を簡潔でわかりやすく説明しています。

❷ '調べよう' '学びをいかして考えよう' などの教科書の中の問いかけで，重要なものについて解答例や解説を示しています。また，実験や観察についても解説しています。

❸教科書に出ている問題（**学んだことをチェックしよう・確かめと応用・確かめと応用［活用編］**）については全て解答例を示し，必要に応じて解説を加えています。

❹つまずきやすい内容について「**定着ドリル**」を設けています。

❺教科書と同じ動画やシミュレーションが見られる「**二次元コード**」を掲載しています。

　＊二次元コードに関するコンテンツの使用料はかかりませんが，通信費は自己負担となります。

❻章末に「**定期テスト対策**」を設けています。定期テストによく出る問題で構成しています。

この本の使い方・役立て方

　学校の授業に合わせて上記の❶〜❺の内容を，予習あるいは復習で学習するようにしましょう。教科書のページ番号を各所に示していますので，教科書を見ながら学習すればより理解が深まります。

　また，定期テストが近づいてきたら，❻の「**定期テスト対策**」に取り組むとともに，テスト範囲の❶〜❺の内容についても，もう一度確認しておきましょう。

　この本を最大限活用することで，皆さんが理科を好きになり，得意教科にしてくれることを願っています。

単元 **1**

いろいろな生物とその共通点

第1章 生物の観察と分類のしかた

これまでに学んだこと

▶**昆虫の観察**（小3）　昆虫の成虫のからだは，頭，胸，腹からできている。胸にあしが**6本**ついている。

●チョウのからだのつくり

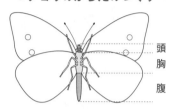

頭
胸
腹

●トンボのからだのつくり

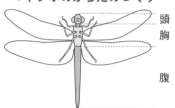

頭
胸

腹

第1節 身近な生物の観察

要点のまとめ

▶**ルーペの使い方**　ルーペはできるだけ**目に近づけて**持ち，**ル**ーペを**動かさずに**，よく見える位置をさがす。

ルーペで太陽を見ると，目をいためてしまうので，絶対に見てはいけない。

▶**スケッチのしかた**

・よくけずった鉛筆を使い，**細い線・小さい点**ではっきりとかく。輪郭の線は**重ねてかいたり，ぬりつぶしたりしない。**

・対象とするものだけをかく。視野のまるい線はかかない。

・**大きさを測定し，**スケッチの中にかき入れる。

▶**顕微鏡**

・**双眼実体顕微鏡**は，プレパラートをつくる必要がなく，物を拡大して**立体的**に観察するのに適している。

・**鏡筒上下式顕微鏡，ステージ上下式顕微鏡**は，うすくて光を通す物を，拡大して観察するのに適している。

・顕微鏡は，目をいためないように，直射日光の当たらない，明るく水平なところで使う。

・レンズをとりつけるときは，鏡筒の中にほこりが入らないようにするため，**接眼レンズ，対物レンズ**の順につける。

●ルーペの使い方

・観察するものが動かせるとき

観察するものを動かして，よく見える位置をさがす。

・観察するものが動かせないとき

顔を前後に動かして，よく見える位置をさがす。

▶**双眼実体顕微鏡の使い方**

①両目の間隔に合うように，鏡筒を調節し，視野全体が重なって１つに見えるようにする。（立体的に見える。）

粗動ねじをゆるめて，両目でおよそのピントを合わせる。

②右目だけでのぞきながら，微動ねじを回してピントを合わせる。

③左目だけでのぞきながら，視度調節リングを左右に回して，ピントを合わせる。

▶**鏡筒上下式顕微鏡，ステージ上下式顕微鏡の使い方**

①対物レンズを**いちばん低倍率**のものにする。

②接眼レンズをのぞきながら，**反射鏡で全体が均一に明るく見えるように調節**する。

③観察したいものがレンズの真下にくるように，プレパラートをステージにのせ，クリップでとめる。

④**真横から見ながら，調節ねじを回し，プレパラートと対物レンズをできるだけ近づける。**

＊真横から見ながら調節するのは，プレパラートと対物レンズがぶつからないようにするためである。

⑤接眼レンズをのぞきながら，調節ねじを④と反対に回し，**プレパラートと対物レンズを遠ざけながら，** ピントを合わせる。

⑥しぼりを回して，観察したいものが最もはっきり見えるように調節し，視野の中央にくるようにする。

▶**顕微鏡の倍率＝対物レンズの倍率×接眼レンズの倍率**

（例）接眼レンズが10×で，対物レンズが40の場合

10×40＝400倍

・**高倍率**にすると，見えるものは大きくなるが，**視野はせまく，暗く**なる。

顕微鏡の各部分の名称や使い方は覚えたかな？しっかりと理解しておこう。

●**スケッチの例**

・よい例

・悪い例

輪郭の線を重ねてかいたり，ぬりつぶしたりしない

ルーペや顕微鏡で見たときの，視野のまるい線はかかない

●**双眼実体顕微鏡の名称**

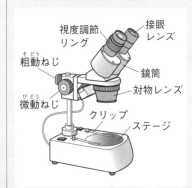

視度調節リング　接眼レンズ　粗動ねじ　鏡筒　対物レンズ　微動ねじ　クリップ　ステージ

●**鏡筒上下式顕微鏡，ステージ上下式顕微鏡の名称**

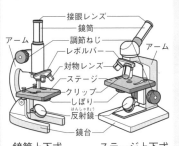

接眼レンズ　鏡筒　調節ねじ　アーム　レボルバー　アーム　対物レンズ　ステージ　クリップ　しぼり　反射鏡　鏡台

鏡筒上下式顕微鏡　ステージ上下式顕微鏡

教科書 p.17

観察 1
身近な生物の観察

◎ **観察のアドバイス**

ルーペで太陽を見てはいけない。

◎ **考察のポイント**

●生物の大きさ，色，形，生息・生育する場所などのほかに，生物の特徴としてあげられることは何か。

　生物の特徴には，ほかに模様，におい，動き方，ふえ方，活動する時間帯，気温，季節などがある。

（例）セイヨウタンポポ

・大きさ…1つの花の大きさ約15mm，茎の長さ約100mm，葉の大きさ約90mm
・色…花弁は黄色，毛のようなものと花の根元は白色，葉は緑色，茎は黄緑色。
・形…葉はぎざぎざしている。
・生育場所…日当たりのよいかわいた場所に多い。日かげの場所にも見られた。
・その他の特徴…小さな花がいくつも集まって1つの花になっている。綿毛にたねがついて，風にのってなかまをふやす。

●光の当たり方や土のしめりぐあいなど環境がちがう場所では，生息・生育している生物もちがうか。

　日の当たり方や土のしめりぐあいで見られる生物は異なっていた。

（例）

・日当たりのよいところでかわいた場所に見られた生物…セイヨウタンポポ，ハルジオン，セイヨウミツバチ
・日当たりのよくないところでしめった場所に見られる生物…ドクダミ，ゼニゴケ，オカダンゴムシ

●同じ種類の生物でも，生息・生育する場所によって育ち方にちがいはあるか。

　同じ種類の生物でも，場所によって育ち方が異なる。

・日当たりのよいところに育つセイヨウタンポポは，茎が太く，葉が多い。花もたくさんさいている。
・日当たりの悪いところに育つものは，茎がひょろ長く，葉や花も少ない。

教科書 p.21

活用　学びをいかして考えよう
以下の①，②にとり組もう。
①○○で見られる生物さがし
②水中の小さな生物さがし

◎ **観察のアドバイス**

プレパラートのつくり方

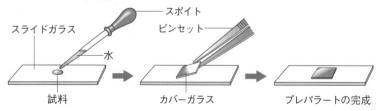

プレパラートをつくるときには，気泡（きほう）が入らないように，カバーガラスをはしからゆっくりとかける。

プレパラートがかわいたときは，カバーガラスとスライドガラスのすきまから，スポイトで水を入れる。はみ出した水は，ろ紙などで吸いとる。

● 結果（例）

① スーパーマーケットなどで売っている野菜や魚，花などについて調べたり，畑などで育てられている植物，近所の公園にいる生物，家で育てている植物，飼っている動物などについて調べたりしてもよい。

② 水中の生物がいそうなところから，試料となる水を集め，顕微鏡で観察する。

　生物がいそうなところの例

　・池などの底の水を落ち葉といっしょに採取し，落ち葉を水の中でゆすぐ。

　・水槽（すいそう）のかべについている，ぬるぬるしたものをスライドガラスなどでこすりとる。

　・水槽などのかべの水面に近いところからとる。

　観察できる生物の例

　・（動く生物）ミジンコ，ゾウリムシ，アメーバなど

　・（緑色をした生物）ミドリムシ（動く生物でもある），ミカヅキモ，アオミドロ，ハネケイソウなど

記録の例は，教科書21ページの生物カードを参照する。

○ 解説

① スーパーマーケットなどで見つけた生物は，どのような場所で育つ生物か，動き方やふえ方はどうかなども調べてみよう。

② 池からとった水（淡水）と，海からとった水（海水）では，観察できる生物の種類がちがう。

　また，緑色がこい水ほど，観察できる生物の数は多い。

第2節　生物の特徴と分類

要点のまとめ

▶ 分類（ぶんるい）　似た特徴をもつものを1つのグループにまとめ，いくつかのグループに分けて整理すること。

 教科書 p.23

実習1

さまざまな生物の分類

○ 結果の見方

● 生物を分類するとき，どのような生物の特徴に注目し，共通点・相違点（そういてん）を見つけたか。

● ほかの班はどのような特徴の共通点・相違点を基準に生物を分類したか。

●生物を１つの特徴の共通点・相違点だけに注目して分類することは適切か。

・分類するときの特徴の例としては以下のものがある。

「生息・生育環境」…水中・陸上，日当たりのよいかわいた場所・日当たりが悪くしめった場所など

「からだの形」…ひれがある・あしがある，はねがある・はねがないなど

「からだの大きさ」…肉眼で見える・見えないなど

「動き方」…移動する・移動しない，走る・飛ぶ・泳ぐなど

「活動する季節」…あたたかい季節・すずしい季節など

「ふえ方」…種子でふえる・ふえない，卵でふえる・ふえないなど

・生物の特徴にもとづき，共通点や相違点を見つけることで，さまざまな分類をすることができる。同じ生物の組み合わせでも，注目する特徴を変えると分類が変わることがあるので，多様な見方をする必要がある。

・同じ種類の生物でも，場所によって育ち方が異なる。同じセイヨウタンポポでも，日当たりのよいところに育つものは，茎が太く，葉が多い。花もたくさんさいている。日当たりの悪いところに育つものは，茎がひょろ長く，葉や花も少ない。

◎ 考察のポイント

●実習１でつくったグループのなかで，さらに別のグループに分けられる特徴はあるだろうか。

たとえば，動き方に注目して，「移動する」か「移動しない」かに分けた場合，「移動する」グループを，さらにからだのつくりの「何を使って移動するか」で分けられる。

 教科書 p.24

分析解釈　考察しよう

教科書23ページの実習１でつくったそれぞれのグループの生物の特徴（とくちょう）のなかには，さらに生物によって異なる特徴がある。各グループの生物をさらに分けていくと，どのようになるだろうか。

● 解答（例）

1. 生息・生育環境に注目して「水中にすむ生物」か「陸上にすむ生物」かに分ける。

水中	陸上
スイレン，クジラ，メダカ	ダンゴムシ，アリ，サクラ，ナナホシテントウ，タンポポ

2. 動き方に注目して，「動く生物」か「動かない生物」かに分ける。

水中	陸上
動く	動く
クジラ，メダカ	ダンゴムシ，アリ，ナナホシテントウ
動かない	動かない
スイレン	サクラ，タンポポ

3. 陸上で動くグループを，からだのつくりに注目して，「頭・胸・腹に分かれている」か「分かれていない」かに分ける。

水中	陸上	
動く	動く	
	分かれている	分かれていない
クジラ，メダカ	アリ，ナナホシテントウ	ダンゴムシ
動かない	動かない	
スイレン	サクラ，タンポポ	

○ **解説**

「生息・生育環境」，「からだの形」，「からだの大きさ」，「動き方」，「活動する季節」，「ふえ方」などの特徴に注目し，多くの生物に共通する特徴から考えていく。

 教科書 p.25

活用　学びをいかして考えよう

グループ分けした後，別の生物を分類すると，どのグループに加えることができるだろうか。教科書23ページの実習1でつくったグループに新しい生物を加えてみよう。

● **解答（例）**

移動する		移動しない
ひれ		
クマノミ		トマト，マツ
あし		
それ以外の数	6本	
イヌ	アメンボ	

○ **解説**

教科書25ページの生物以外についても，自分でグループ分けしてみよう。

 教科書 p.26　　**章末　学んだことをチェックしよう**

❶ **身近な生物の観察**

　手に持った花をルーペで観察するときは，ルーペを目に近づけて（　　）を動かさずに（　　）を動かす。

● **解答（例）**

ルーペ，観察するもの（花）

○ **解説**

　ルーペのよく見える位置は，観察するものが動かせるときは，観察するものを前後に動かし，また，観察するものが動かせないときは，顔を前後に動かしてさがす。

❷ 生物の特徴と分類

次の3つの特徴に注目して分類するとき，どのような順番で生物を分けられるだろうか。

①あしが6本／それ以外

②ひれで移動する／あしで移動する

③移動する／移動しない

● 解答（例）

③ → ② → ①

◎ 解説

似た特徴をもつものを1つのグループにまとめ，いくつかのグループに分けて整理することを分類という。まず，多くの生物に共通する特徴に注目して分類をはじめ，さらに共通点がないかを考えていく。

 教科書 p.26 　　　章末　学んだことをつなげよう

教科書26ページの次の生物の図鑑は，生物のどのような共通点でまとめられているだろうか。説明してみよう。

● 解答（例）

・札幌の昆虫…生息場所が札幌で，頭・胸・腹に分かれ，6本のあしをもつ動物（昆虫）という共通点。

・日本の海水魚…生息場所が日本の海で，移動方法が泳ぐことである動物（魚）という共通点。

・こけ…移動せず，多くは生育場所が日かげのしめった場所である生物という共通点。

◎ 解説

教科書25ページの図1を参考にするとよい。生息・生育環境，からだの形や大きさ，動き方，活動する季節，なかまのふやし方などの観点で，共通点・相違点を考えてみよう。

 教科書 p.26

Before & After

たくさんの生物はどのように分類できるだろうか。

● 解答（例）

生物は，生息・生育環境，からだの形・つくり，動き方，活動時期などの特徴に注目し，共通点・相違点を見つけて，共通点をもつものごとに同じグループに分類することができる。

◎ 解説

同じ生物の組み合わせでも，注目した特徴が異なれば，別の分類となることもある。また，一度分類したグループをさらに別の特徴で分類し，いくつかの小さなグループに分類することができる。私たちが日常よく使うことばである「植物」「動物」も生物の分類であり，これらのなかまをさらに分類していくことができる。

定期テスト対策　第1章　生物の観察と分類のしかた

解答　p.185

/100

1 次の問いに答えなさい。

①ルーペと顕微鏡ではどちらが高倍率で観察できるか。

②顕微鏡の観察は，低倍率，高倍率のどちらで始めるとよいか。

③スケッチをするとき，細い線でかくか，太い線でかくか。

④似た特徴をもつものを1つのグループにまとめ，いくつかのグループに分けて整理することを何というか。

2 図は，接眼レンズが2つある顕微鏡である。次の問いに答えなさい。

①図の顕微鏡を何というか。

②A～Cの部分の名称を書きなさい。

③この顕微鏡には，接眼レンズが2つあることで，見え方にどのような特徴があるか。

④顕微鏡はどのような場所で使うか。

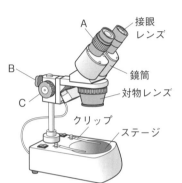

接眼レンズ
鏡筒
対物レンズ
クリップ
ステージ
A
B
C

3 鏡筒上下式顕微鏡について，次の問いに答えなさい。

①顕微鏡の正しい手順になるように，次の**ア～カ**を順に並べかえなさい。

ア 真横から見ながら調節ねじを回し，プレパラートと対物レンズをできるだけ近づける。

イ 対物レンズをいちばん低倍率のものにする。

ウ プレパラートをステージの上にのせ，クリップでとめる。

エ しぼりを回して，観察したいものが最もはっきり見えるように調節する。

オ 接眼レンズをのぞきながら，反射鏡を調節して，視野全体を明るくする。

カ 接眼レンズをのぞいて，調節ねじを回し，プレパラートと対物レンズを遠ざけながら，ピントを合わせる。

②プレパラートをつくるとき，スライドガラスにカバーガラスをはしからゆっくりと下げていくのは，間に何が入らないようにするためか。

③10×と書かれた接眼レンズと，10と書かれた対物レンズを使ったとき，倍率は何倍になるか。

1 計28点

①	7点
②	7点
③	7点
④	7点

2 計48点

①	7点
② A	7点
B	7点
C	7点
③	10点
④	10点

3 計24点

①	8点
②	8点
③	8点

第2章 植物の分類

これまでに学んだこと

▶ 花のつくり(小5) めしべ，おしべ，花びら，がくなどから
らできている。花には次の2種類があり，どちらもおしべの
先から花粉が出ている。

・1つの花にめしべとおしべがある。(アサガオなど)
・雌花と雄花があり，雌花にはめしべ，雄花にはおしべがある。
(ヘチマなど)

▶ 受粉(小5) めしべの先に花粉がつくこと。花が実になるた
めに必要で，受粉するとめしべのもとの部分がふくらんで実
になる。実の中には種子ができ，植物は生命をつないでいく。

ヘチマを使って花粉のはたらき
を調べたとき，受粉させた花は
めしべのもとの部分が実になっ
たけど，受粉させなかった花は
実にならなかったね。

● アサガオの花のつくり

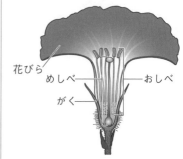

花びら，めしべ，おしべ，がく

● ヘチマの花のつくり

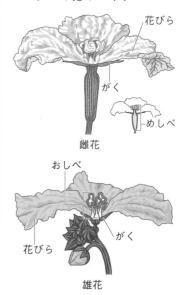

花びら，がく，めしべ
雌花

おしべ，がく，花びら
雄花

第1節 身近な植物の分類

要点のまとめ

▶ **植物を分類するときの特徴** 葉や花の色，形，大きさの特徴で分類したり，花がさく植物とさか
ない植物，実がなる植物と実がならない植物に分類したりできる。

教科書 p.29

活用　学びをいかして考えよう

教科書29ページの次の植物をいろいろな特徴に注目して分類してみよう。

● 解答（例）

花がさく		花がさかない
花が大きな実になる	花が大きな実にならない	
ヘチマ，キュウリ，スイカ，トマト	ジャガイモ	なし

○ 解説

　花がさく，さかないに注目し，さらに実に注目すると，上の表のように分類できる。一般に，キュウリ，スイカ，トマトなどの食べている部分は実であるが，ジャガイモの食べている部分は地下茎がイモになったものである。そのほか，「雌花と雄花があるか」，「1つの花にめしべとおしべがあるか」に注目すると，「雌花と雄花がある」のはヘチマ，キュウリ，スイカ，「1つの花にめしべとおしべがある」のはジャガイモ，トマトである。

第2節　果実をつくる花のつくり

要点のまとめ ✏

▶**種子**　受粉後，胚珠が成長したもので，子孫をふやすためのもの。

▶**果実をつくる植物の花のつくり**

・外側からがく，**花弁**，**おしべ**，**めしべ**の順になっていることが多い。

・めしべの先端を**柱頭**といい，花粉がつきやすくなっている。めしべの下部のふくらんだ部分を**子房**といい，中には，**胚珠**という小さな粒がある。

・おしべの先端のふくらみをやくといい，中に花粉が入っている。

▶**受粉**　花粉が柱頭につくこと。受粉が起こると，**子房**は成長して**果実**に，**胚珠**は成長して**種子**になる。

▶**種子植物**　種子をつくる植物のこと。種子は発芽して，次の世代の植物になる。

● 果実をつくる植物の花のつくり

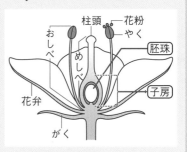

● 受粉後の変化

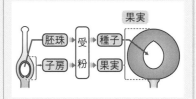

教科書 p.31

観察2

実や種子をつくる花のつくりと変化

● **結果(例)**

植物名	がくの数	花弁の数	おしべの数	めしべの数	めしべの下部の ふくらんだ部分の内部
カラスノ エンドウ	5	5	10	1	まるい粒があった
ツツジ	5	5	10	1	粒が並んでいた
フジ	5	5	10	1	まるい粒があった
アブラナ	4	4	6	1	まるい粒があった

・ツツジの花弁だけ根もとでくっついていた。ほかは1枚1枚われていた。

◎ **結果の見方**

●**いろいろな植物の花について,めしべのつくりと実の形やつき方を比べる。**

・どの花のめしべも先端にはべたべたした部分(柱頭)があり,下部にふくらんだ部分(子房)があるのは
共通している。また,数はちがうが,ふくらんだ部分の内部に共通して小さな粒がある。

・さき終わった花は,どの植物もめしべの部分だけが残り,めしべの下のふくらんだ部分が実になる。た
とえば,カラスノエンドウやフジの実(教科書30ページの写真参照)は細長いマメのさやの形をしてい
るが,めしべの子房の部分もマメのさやを小さくした形をしていて,胚珠の並び方はマメの並び方と
似ている。

◎ **考察のポイント**

●**実や種子は,花のどの部分が変化してできるか。**

受粉した後,めしべの**子房が変化して果実**(実)になり,子房の中にある**胚珠が変化して種子**になる。

第3節 裸子植物と被子植物

要点のまとめ ✎

▶**裸子植物** 子房がなく，**胚珠がむき出しになっている**植物。マツ，イチョウ，スギなど。裸子植物は種子植物である。

(例)マツの花(裸子植物)のつくり

・マツは雄花と雌花がさくが，花弁やがくがなく，**りん片**が重なったつくりをしている。

・**雄花**のりん片には，花粉が入った**花粉のう**があり，**雌花**のりん片のつけ根に**むき出しの胚珠**がある。

▶**マツの花の受粉**

・花粉のうから出た花粉が風で飛ばされて，胚珠に直接ついて受粉する。

・雌花はまつかさになり，受粉した胚珠は1年半後の秋に種子になる。

▶**被子植物** 胚珠が**子房の中**にある植物。アブラナ，エンドウ，サクラ，ツツジ，タンポポなど。被子植物は種子植物である。

▶**葉を基準にした種子植物の分類** 葉ははばが広い広葉と，針のように細い針葉に分けられる。針葉をもつ植物は裸子植物に多い。

▶**葉脈** 葉に見られるすじ。

▶**単子葉類** 子葉が1枚の被子植物。葉脈は平行で，根はたくさんの細い**ひげ根**をもつ。

▶**双子葉類** 子葉が2枚の被子植物。葉脈は**網目状**で，根は太い**主根**とそこからのびる**側根**からなる。

● マツの花のつくり

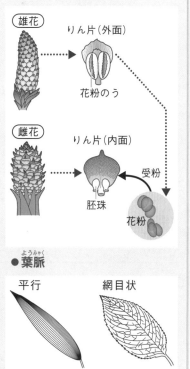

雄花 → りん片(外面) → 花粉のう

雌花 → りん片(内面) → 受粉 → 胚珠 / 花粉

● 葉脈

平行　網目状

● 根

スズメノカタビラ　ナズナ

ひげ根　主根　側根

 教科書 p.35

調べよう

マツの雄花と雌花を観察しよう。

①雄花と雌花のりん片をピンセットではがしとる。

②りん片をペトリ皿の上にのせ，ルーペや双眼実体顕微鏡で観察する。

● 結果（例）

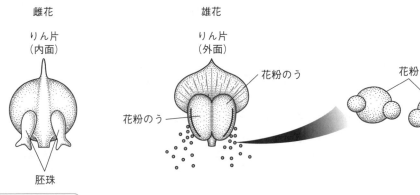

雌花

りん片
（内面）

胚珠

雄花

りん片
（外面）

花粉のう

花粉のう

花粉

○ 解説

　マツの雄花のりん片には，花粉が入った花粉のうがあり，雌花のりん片のつけ根にむき出しの胚珠がある。マツは，雄花の花粉のうから出た花粉が胚珠に直接ついて受粉するため，果実ができない。マツのように，**胚珠がむき出しの植物を裸子植物**という。

📖 教科書 p.36

調べよう

いろいろな種子植物の葉を観察し，共通点や相違点を見つけよう。

● 結果（例）

葉のはばが広い		葉が針のように細い
葉のすじが平行	葉のすじが網目状	クロマツ，スギ
ササ，イチョウ	サクラ，イロハモミジ	

○ 解説

　種子植物は，葉のつくりの共通点に注目しても分類できる。葉のはばが広いものを広葉といい，被子植物があてはまる。広葉はさらに葉脈のようすで分けることができる。葉が針のように細いものを針葉というが，針葉をもつ植物は裸子植物である。しかし，イチョウは例外で，はばが広いが裸子植物である。

📖 教科書 p.37

活用　学びをいかして考えよう

私たちは，花が受粉してできた種子や果実を食べている。教科書37ページの下の写真の食品は，どの部分を食べていることになるのだろうか。次の①〜③に分類してみよう。

キュウリ　スイカ　アーモンド トマト　オレンジ　オクラ

①種子だけを食べているもの

②果実から種子をとり除いて食べているもの

③種子ごと果実を食べているもの

● 解答（例）
　①アーモンド
　②オレンジ，スイカ
　③トマト，オクラ，キュウリ

○ 解説
①アーモンドの果実は殻と種子をふくんでいる。私たちは，アーモンドの種子だけをとり出して食べている。

②オレンジ，スイカは種子をとり除いて果実を食べる。

③オクラ，キュウリは完熟していない果実を食べるので，種子はまだ小さく，やわらかい。

第4節　花をさかせず種子をつくらない植物

要点のまとめ

▶**シダ植物**　種子をつくらない植物のなかで，**葉・茎・根の区別がある**植物。イヌワラビ，ゼンマイ，スギナ，ヘゴなど。茎は，地下や地表近くにあることが多い。

（例）イヌワラビのからだのつくり
　葉には長い柄があり，葉の裏に，胞子が入った胞子のうがある。地下茎をもつ。

▶**コケ植物**　種子をつくらない植物のなかで，**葉・茎・根の区別がない**植物。ゼニゴケ，コスギゴケ，エゾスナゴケなど。葉のように見える部分は葉状体，根のように見えるものは仮根とよばれ，仮根はからだを土や岩に固定させる役割がある。乾燥に弱く，日かげを好むものが多い。

（例）ゼニゴケ，コスギゴケのからだのつくり
　雄株と雌株があり，雌株にできる胞子のうで胞子がつくられる。

▶**胞子**　シダ植物やコケ植物などがつくる，子孫をふやすためのもの。

●イヌワラビのからだのつくり

葉の裏（胞子のうがある）／葉／葉の柄／茎（地下茎）／開くとちゅうの葉／根

胞子のう　　胞子のうから胞子が落ちて発芽する

●ゼニゴケのからだのつくり

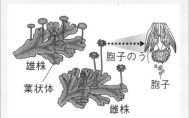

雄株／葉状体／胞子のう／胞子／雌株

シダ植物とコケ植物のちがいは，葉，茎，根の区別があるかないかだよ。しっかりと覚えておこう。

●コスギゴケのからだのつくり

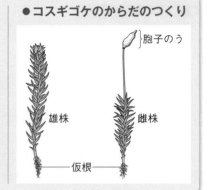

胞子のう

雄株　雌株

仮根

📖 教科書 p.39

観察3
シダ植物のからだのつくり

○ 考察のポイント

●種子植物と比べることにより，からだのつくりの共通点や相違点を考えよう。

・共通点…葉，茎，根がある。

・相違点…花，果実，種子がなく，胞子と胞子のうがある。茎が地下にある。

📖 教科書 p.41

活用　学びをいかして考えよう
食品店で売られている以下の食品は，それぞれ，「①被子植物の双子葉類，②被子植物の単子葉類，③裸子植物，④シダ植物」のどれに分類されるか，教科書41ページの写真を見て考えよう。
米(イネ)　　大根(ダイコン)　　りんご(リンゴ)　　ぎんなん(イチョウ)　　ぜんまい(ゼンマイ)

● 解答(例)

①大根(ダイコン)，りんご(リンゴ)

②米(イネ)

③ぎんなん(イチョウ)

④ぜんまい(ゼンマイ)

○ 解説

①ダイコンとリンゴの葉脈は網目状に通っている。被子植物の双子葉類の特徴である。

②イネの葉脈は平行に通っている。被子植物の単子葉類の特徴である。

③イチョウは裸子植物である。子房がないので，ぎんなんは果実ではなく種子である。

④ゼンマイは胞子でふえる。ゼンマイは葉が開く前の若い葉と葉の柄を食べる。

第5節 さまざまな植物の分類

要点のまとめ

▶植物の分類

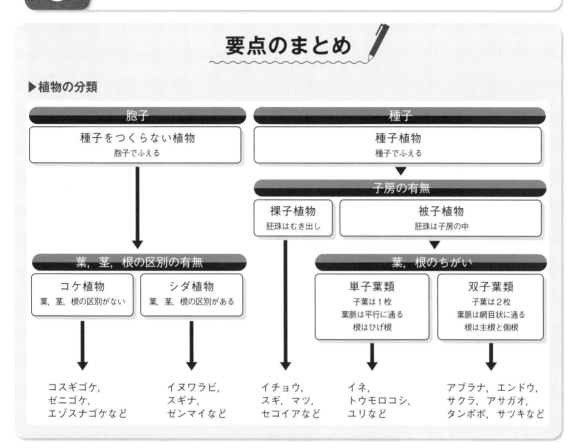

・教科書 p.43・

活用　学びをいかして考えよう

教科書42ページの下の表に，これまでの教科書のページに出てきていない植物を加えてみよう。どのような特徴があり，どのグループに分類できるだろうか。

● 解答（例）

加える植物…ドクダミ，ツユクサ，ヒノキ，ノキシノブ

種子をつくる	子房あり	葉脈が平行
アブラナ，イチョウ，チューリップ，**ドクダミ**，**ツユクサ，ヒノキ**	アブラナ，チューリップ，**ドクダミ，ツユクサ**	チューリップ，**ツユクサ**
種子をつくらない	子房なし	葉脈が網目状
イヌワラビ，コスギゴケ，**ノキシノブ**	イチョウ，**ヒノキ**	アブラナ，**ドクダミ**

ドクダミ…小さな花が集まってさく。めしべの下部には子房がある。葉のはばが広く，網目状の葉脈が通る。根は主根と側根からなる。

ツユクサ…花弁のある青い花がさき，めしべの下部には子房がある。葉のはばが広く，平行な葉脈が通る。根はひげ根からなる。

ヒノキ…葉は針のように細い針葉。雄花と雌花があり，花はりん片が集まる。胚珠はむき出し。

ノキシノブ…花がさかない。胞子のうが葉の裏にある。葉・茎・根がある。

○ 解説

植物は，まず，種子をつくるかつくらないかで分類できる。次に，種子植物は，子房の有無，葉の特徴の順で，種子をつくらない植物は，葉・茎・根の区別によって分類できる。初めて出合う植物は，花がわかりにくかったり，子房のようすが観察しにくかったりすることもあるが，葉のようす，根のようすなども観察すると，何植物に分類されるかがわかる。上記の解答の植物は，以下のように分類できる。

種子をつくる （種子植物）	子房あり （被子植物）	葉脈が平行／根はひげ根 （単子葉類）	チューリップ **ツユクサ**
		葉脈が網目状／根は主根と側根 （双子葉類）	アブラナ **ドクダミ**
	子房なし （裸子植物）	イチョウ **ヒノキ**	
種子を つくらない	葉・茎・根の区別がある （シダ植物）	イヌワラビ **ノキシノブ**	
	葉・茎・根の区別がない （コケ植物）	コスギゴケ	

📖 **教科書 p.44** ┃ 章末　学んだことをチェックしよう

❶ 果実をつくる花のつくり

　果実をつくる植物の花のめしべの下部には，子房（しぼう）がある。受粉（じゅふん）すると，子房が果実（かじつ）になり，胚（はい）珠（しゅ）（しゅし）は種子になる。

○ 解説

教科書33ページの図3と図4を見比べながら，果実をつくる植物（被子植物）の花のつくりと，子房の位置や種子と果実のでき方をチェックする。

❷ 裸子植物と被子植物
1. 裸子植物（らししょくぶつ）と被子植物（ひししょくぶつ）の共通点をあげなさい。
2. 裸子植物と被子植物の相違点（そういてん）をあげなさい。

● 解答(例)

1. 花をさかせ，種子をつくってふえる。
2. 裸子植物は子房がなく胚珠がむき出しだが，被子植物は胚珠が子房の中にある。

◎ 解説

　裸子植物と被子植物は，どちらも胚珠があって種子ができる種子植物であるが，胚珠が子房の中にあるかどうかが異なっている。裸子植物は子房がなく胚珠がむき出しなので，胚珠に直接花粉がついて受粉し，果実はできない。被子植物は胚珠が子房の中にあるので，果実ができる。

---

❸ 花をさかせず種子をつくらない植物

　シダ植物とコケ植物は（　　）をつくってなかまをふやす。

● 解答(例)

胞子

◎ 解説

　シダ植物とコケ植物はどちらも種子ではなく，胞子をつくってなかまをふやす。シダ植物には葉，茎，根の区別があるが，コケ植物には葉，茎，根の区別はない。

---

❹ さまざまな植物の分類

　身近な植物をあげ，教科書44ページの下の図のどのグループに当てはまるか考えよう。

● 解答(例)

ホウセンカ，ヒマワリ…種子でふえる，葉脈が網目状だから双子葉類

ススキ…種子でふえる，葉脈が平行だから単子葉類

ソテツ…種子でふえる，花に花弁やがくがなく胚珠がむき出しだから裸子植物

◎ 解説

　身近な植物が種子でふえるのか，花のようすや葉・根のようすはどうであるか，などに注目して，どのグループになるか考えてみるとよい。

📖 教科書 p.44

Before & After

植物を分類するには，どのような特徴に注目すればよいだろうか。

● 解答(例)

種子をつくるかつくらないか，子房があるかどうか，葉・茎・根のちがいなどに注目する。

◎ 解説

　まず，種子をつくるかつくらないかで大きく分類する。次に，種子植物は，子房の有無で裸子植物と被子植物に分類し，被子植物は葉や根の特徴によって，単子葉類と双子葉類に分類する。種子をつくらず，胞子でふえる植物は，葉・茎・根の区別によってシダ植物とコケ植物に分類することができる。

定期テスト対策 第2章 植物の分類

解答 p.185

/100

1 次の問いに答えなさい。

①種子植物のうち，胚珠が子房の中にある植物を何というか。

②種子植物のうち，胚珠がむき出しの植物を何というか。

③受粉後，子房は成長して何になるか。

④受粉後，胚珠は成長して何になるか。

⑤①のうち，子葉が1枚の植物を何類というか。

⑥①のうち，子葉が2枚の植物を何類というか。

⑦⑤の植物の葉脈はどのように通るか。

⑧⑥の植物の，太い1本の根を何というか。

⑨種子をつくらない植物は，何でふえるか。

2 図はアブラナの花を分解して観察したものである。次の問いに答えなさい。

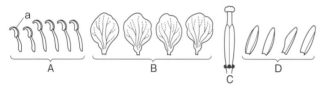

A B C D

①図のA，Dはそれぞれ何か。名称を書きなさい。

②A〜Dを花の外側から中心に向かって左から順に並べかえなさい。

③Aをルーペで観察したところ，aの部分に花粉が見られた。aの部分を何というか。

④Cの先端部分を何というか。

⑤Cの先端に花粉がつくことを何というか。

⑥Cの下部のふくらんだ部分を何というか。

⑦⑥の中には小さなまるい粒がある。これを何というか。

3 図はマツの雄花と雌花のりん片を表している。次の問いに答えなさい。

①雌花のりん片はA，Bのどちらか。

②a，bはそれぞれ何か。

③花粉ができるのはa，bのどちらか。

④マツには果実ができない。その理由を簡単に説明しなさい。

A B

a b

---

1 計18点

①	2点
②	2点
③	2点
④	2点
⑤	2点
⑥	2点
⑦	2点
⑧	2点
⑨	2点

2 計20点

①A	2点
D	2点
②	2点
③	2点
④	3点
⑤	3点
⑥	3点
⑦	3点

3 計14点

①	2点
②a	3点
b	3点
③	2点
④	4点

4 図は被子植物の発芽のようすである。次の問いに答えなさい。

①図のА，Вのなかまをそれぞれ何というか。

②図のAの特徴として当てはまるものを，次のア～エから全て選び，記号で答えなさい。

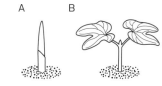

③次のア～カから，図のА，Bのなかまに当てはまる植物をそれぞれ全て選び，記号で答えなさい。

ア　アブラナ　　イ　イチョウ　　ウ　アサガオ
エ　ユリ　　　　オ　マツ　　　　カ　イネ

4	計13点
①A	3点
B	3点
②	3点
③A	2点
B	2点

5 図はゼニゴケの雄株と雌株を表したものである。次の問いに答えなさい。

①ゼニゴケは何をつくってなかまをふやすか。

②①が入っているつくりを何というか。

③②はA，Bのどちらにできるか。

④ゼニゴケはコケ植物であるが，コケ植物のからだのつくりで，シダ植物とちがう点は何か。簡単に説明しなさい。

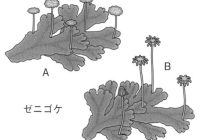

ゼニゴケ

5	計11点
①	2点
②	3点
③	2点
④	4点

6 図のように，植物を特徴で分類した。次の問いに答えなさい。

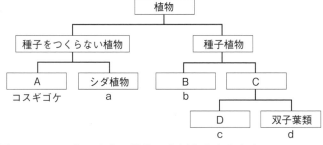

①図のА～Dに当てはまる植物の分類名を書きなさい。

②図のa～dに当てはまる植物を次のア～オから選び，記号で答えなさい。

ア　スギ　　　　イ　タンポポ　　　ウ　トウモロコシ
エ　スギナ　　　オ　エゾスナゴケ

③双子葉類の葉脈の特徴を簡単に説明しなさい。

6	計24点
①A	3点
B	3点
C	3点
D	3点
②a	2点
b	2点
c	2点
d	2点
③	4点

第3章 動物の分類

これまでに学んだこと

▶**昆虫の観察**(小3)　昆虫のからだは，頭，胸，腹からできていて，胸にあしが6本ある。

●チョウのからだのつくり

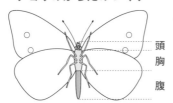

頭
胸
腹

●トンボのからだのつくり

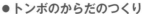
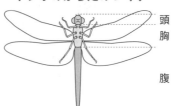

頭
胸

腹

第1節 身近な動物の分類

要点のまとめ

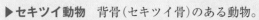

▶**セキツイ動物**　背骨(セキツイ骨)のある動物。
▶**無セキツイ動物**　背骨のない動物。

教科書 p.47

観察4
動物のからだのつくり

 結果の見方

●観察したいくつかの動物のからだのつくりの特徴は何だろうか。

カタクチイワシ

・外部のつくり…頭部と胴部，尾部に分けられる。からだの表面はうろこで，ひれ(背びれ，胸びれ，腹びれ，尻びれ，尾びれ)，えらがある。

・内部のつくり…背骨がある。筋肉がある。腹の部分に内臓があり，食べ物を消化・吸収するつくりがある。

シバエビ

・外部のつくり…頭胸部と腹部に分けられ，目や口がある。からだの表面はかたい殻でおおわれている。頭に触角，頭胸部に長いあしがある。えらがある。

・内部のつくり…背骨がない，筋肉がある。背わた(食べ物を消化・吸収するつくり)がある。

○ **考察のポイント**

●観察した動物のからだのつくりの特徴（とくちょう）について，共通点（そういてん）や相違点は何だろうか。表をつくって比較（ひかく）しよう。

	背骨があるか	からだのつくり	からだの表面	あしがあるか	えらがあるか	筋肉	消化・吸収するつくり
カタクチイワシ	ある	3つに分かれる	うろこでおおわれている	ない(ひれがある)	ある	ある	ある
シバエビ	ない	2つに分かれる	殻でおおわれている	あしがある	ある	ある	ある

・**共通点**…水中でくらし，えらで呼吸する。筋肉がある。食べ物を消化・吸収するつくりがあって，えさを食べ，養分をとり入れている。

・**相違点**…カタクチイワシは背骨がある**セキツイ動物**（どうぶつ）だが，シバエビは背骨がない**無セキツイ動物**（む）である。また，カタクチイワシはひれがあり，からだの表面はうろこだが，シバエビはあしがあり，からだの表面はかたい殻である。

 教科書 p.49

活用　学びをいかして考えよう

教科書13ページからの第1章で観察した動物は，セキツイ動物，無セキツイ動物のどちらに分類することができるだろうか考えよう。

● **解答(例)**

セキツイ動物…ツバメ，ドジョウ，ニホンアマガエル，ムクドリ，ニホンカナヘビ，マアジ，メダカ，クジラ，シマリス，サメ，ゾウ，クマノミ

無セキツイ動物…ナミアメンボ，セイヨウミツバチ，ナナホシテントウ，ベニシジミ，モンシロチョウ，クロヤマアリ，オカダンゴムシ，クロオオアリ，ニホンミツバチ，イカ

○ **解説**

　背骨のある動物がセキツイ動物，背骨のない動物が無セキツイ動物である。マアジ，メダカなどの魚類やクジラなどのホニュウ類はセキツイ動物，アリ，テントウムシなどの昆虫類やダンゴムシなどは無セキツイ動物である。無セキツイ動物は種類が多く，このほかタコやイカなどのなかまやミミズなどもふくまれる。

第2節　セキツイ動物

要点のまとめ

▶**セキツイ動物の分類**　魚類，両生類，ハチュウ類，鳥類，ホニュウ類の5つのグループに分類できる。

▶**卵生** 親が卵をうみ，卵から子がかえる子のうまれ方。魚類，両生類，ハチュウ類，鳥類がこれにあたる。なお，魚類，両生類の卵には殻がないが，ハチュウ類，鳥類の卵には殻がある。

▶**胎生** 母親の体内である程度育ってから子がうまれる子のうまれ方。ホニュウ類がこれにあたる。

● セキツイ動物の分類

セキツイ動物（背骨がある）					
魚類	両生類	ハチュウ類	鳥類	ホニュウ類	
水中	（幼生）水中／（成体）陸上	陸上			生活場所
ひれ	（幼生）ひれ／（成体）あし	あし			移動のためのからだのつくり
えら	（幼生）えら／（成体）肺	肺			呼吸のためのからだのつくり
卵生（殻がない）	卵生（殻がない）	卵生（殻がある）	卵生（殻がある）	胎生	子のうまれ方
うろこ	しめった皮膚	うろこ	羽毛	毛	体表

 教科書 p.53

活用　学びをいかして考えよう

教科書45ページの動物の写真のなかからセキツイ動物を選び，さらに5つのどのグループに分類できるかを考えよう。

● 解答（例）

魚類…マアジ

両生類…オオサンショウウオ

ハチュウ類…イリエワニ

鳥類…オウサマペンギン，ワシ

ホニュウ類…ニホンザル，キタキツネ，カモノハシ

○ 解説

オウサマペンギンは，空を飛ぶことはできないが，かたい殻のある卵をうみ，からだは羽毛でおおわれているので鳥類である。カモノハシは，からだが毛でおおわれていて，うまれた子は乳を飲んで育つホニュウ類であるが，卵をうむなどハチュウ類に似た特徴ももつ動物である。

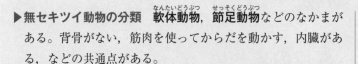

第**3**節　**無セキツイ動物**

要点のまとめ

▶**無セキツイ動物の分類**　**軟体動物**，**節足動物**などのなかまがある。背骨がない，筋肉を使ってからだを動かす，内臓がある，などの共通点がある。

▶**軟体動物**　無セキツイ動物のなかで，アサリ，タコ，イカなどの動物。からだとあしに節がなく，筋肉でできた**外とう膜**が内臓を包んでいる。殻をもつものもいる。

● **イカのからだのつくり**

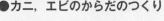

▶**節足動物**　無セキツイ動物のなかで，**昆虫類**<ruby>昆虫類<rt>こんちゅうるい</rt></ruby>や**甲殻類**<ruby>甲殻類<rt>こうかくるい</rt></ruby>などの動物。からだとあしに節があり，からだは**外骨格**<ruby>外骨格<rt>がいこっかく</rt></ruby>とよばれる殻でおおわれている。
・昆虫類…バッタ，カブトムシなど
・甲殻類…カニ，エビなど
▶**その他の無セキツイ動物**　ウニ，クラゲ，ミミズなど

●カニ，エビのからだのつくり

単元 1　いろいろな生物とその共通点

 教科書 p.55

観察5
無セキツイ動物のからだのつくり

◎ **結果の見方**

●観察した動物のからだのつくりや動き方には，どのような特徴があるだろうか。
　イカ…からだとあしには節がなかった。背骨はなかった。
　カニ…からだの表面はかたい殻でおおわれていた。からだとあしには節があり，節のところで動いた。

◎ **考察のポイント**

●観察した動物のからだのつくりや動き方の特徴について，どのような共通点や相違点があるだろうか，比較してまとめる。

	背骨	からだとあしのようす	動き方
イカ	ない	節がない。	あしで食物をとらえる。外とう膜に水をとり入れ，水を噴射<ruby>噴射<rt>ふんしゃ</rt></ruby>させて泳ぐ。
サワガニ	ない	かたい殻でおおわれていて，節がある。	食物を食べるために使うあしと，移動するために使うあしがある。

・**共通点**…背骨がない（無セキツイ動物）。
・**相違点**…イカ（軟体動物）は，外とう膜が内臓を包み，からだやあしに節はないが，サワガニ（節足動物）は，外骨格がからだの表面をおおい，あしには節がある。

 教科書 p.57

活用　学びをいかして考えよう
教科書45ページの動物の写真の中から，無セキツイ動物を選び，教科書57ページの上の図の3つのグループのうち，どのグループに分類できるか考えよう。

● **解答（例）**

　節足動物…アゲハチョウ，ゴシキエビ　　軟体動物…スルメイカ
　その他のグループ…ウメボシイソギンチャク

◎ **解説**

　節足動物のうち，アゲハチョウは昆虫類，ゴシキエビは甲殻類である。また，イカやタコ，アサリなどは軟体動物である。無セキツイ動物は種類が多く，このほかウニやヒトデをふくむグループ，クラゲやイソギンチャクをふくむグループ，ミミズをふくむグループ，ホヤをふくむグループなどがある。

第4節 動物の分類表の作成

要点のまとめ

▶**セキツイ動物と無セキツイ動物の分類表** 動物を分類すると
きは，背骨の有無など多くの動物に共通する特徴から順に注
目していくとよい。

　セキツイ動物は，からだのつくり，呼吸のしかた，子のう
まれ方などに注目して5つのグループに分類する。

　無セキツイ動物は，外骨格や節の有無，外とう膜の有無な
どで3つのグループに分類する。

●動物の分類表

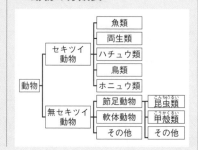

教科書 p.59

活用　学びをいかして考えよう

これまでに教科書に出てきていない動物をあげ，作成した分類表のどのグループに入るか考えよう。

● 解答（例）

ハマグリ…軟体動物，ヤモリ…ハチュウ類，カモ…鳥類，ジュゴン…ホニュウ類，など

○ 解説

ジュゴンは水中でくらすため，あしがなくひれで移動するが，胎生であるためホニュウ類である。

教科書 p.61　　章末　学んだことをチェックしよう

❶ 身近な動物の分類

　動物は背骨の有無で大きく2つのグループに分けられる。背骨のある動物を（　　）といい，背
骨のない動物を（　　）という。

● 解答（例）

セキツイ動物，無セキツイ動物

○ 解説

セキツイ動物と無セキツイ動物は，背骨の有無という相違点がある。

❷ セキツイ動物

　セキツイ動物は，からだのつくりやはたらきの特徴をもとにして，（　　），（　　），（　　），
（　　），（　　）の5つのグループに分類することができる。

解答（例）

魚類，両生類，ハチュウ類，鳥類，ホニュウ類（順不同）

○ **解説**

からだのつくり，呼吸のしかた（肺・えらなど），子のうまれ方（卵生，胎生）などの特徴に注目して分類できる。

---

❸ **無セキツイ動物**

無セキツイ動物は，外骨格をもち，あしやからだに節がある（　　）と，外とう膜で内臓がある部分が包まれていてあしやからだに節のない（　　），その他の無セキツイ動物に分類することができる。

 解答（例）

節足動物，軟体動物

○ **解説**

節足動物は，さらに甲殻類や昆虫類などに分けられる。

📖 **教科書 p.61**　　　　**章末　学んだことをつなげよう**

身近にいる動物を思い出し，教科書58～59ページの第4節でつくった分類表をもとに，どのグループに分類できるか考えてみよう。

● **解答（例）**

キンギョ…魚類，ニホンカナヘビ…ハチュウ類，ツバメ…鳥類，トンボ…節足動物（昆虫類），ダンゴムシ…節足動物（甲殻類），など

○ **解説**

身近な動物に背骨があるかどうか，からだのつくりや呼吸のしかた，子のうまれ方に注目して，どのグループになるか考えてみるとよい。

📖 **教科書 p.61**

Before & After

動物はどのようなグループに分けることができるだろうか。

● **解答（例）**

セキツイ動物と無セキツイ動物に分けられる。セキツイ動物は魚類，両生類，ハチュウ類，鳥類，ホニュウ類の5つのグループに分類でき，無セキツイ動物は節足動物，軟体動物，その他の無セキツイ動物の3つのグループに分類できる。

○ **解説**

まず，背骨の有無で分類する。次にセキツイ動物は，からだのつくり，呼吸のしかた，子のうまれ方などに注目して5つに分類する。無セキツイ動物は，外骨格や節の有無などで分類できる。

定期テスト対策　第3章 | 動物の分類

解答 p.185

/100

1 次の問いに答えなさい。

①背骨のある動物のなかまを何というか。

②背骨のない動物のなかまを何というか。

③親が卵をうみ，卵から子がかえる子のうまれ方を何というか。

④母体内である程度育ってから子がうまれる子のうまれ方を何というか。

⑤魚類の呼吸のためのからだのつくりを何というか。

⑥水中に殻のない卵をうむ動物は魚類と何類か。

⑦陸上に殻のある卵をうむ動物は鳥類と何類か。

⑧甲殻類は，②のうちの何動物にふくまれるか。

2 次のA〜Eの5種類の動物について，次の問いに答えなさい。

A　イモリ　　B　カラス　　C　サンマ
D　トラ　　　E　ヘビ

①上の全ての動物に共通している特徴は何か。

②上のAとEの動物は，それぞれ何類か。

③陸上に，殻のある卵をうむ動物はどれか。上のA〜Eから全て選び，記号で答えなさい。

3 表はセキツイ動物を5つのグループに分けたものである。次の問いに答えなさい。

	A	両生類	ハチュウ類	B	ホニュウ類
からだの表面のようす	うろこでおおわれている。	しめった皮膚でおおわれている。	C	羽毛でおおわれている。	毛でおおわれている。
子のうまれ方	卵生	卵生	卵生	卵生	D
呼吸	えら	E	肺	肺	肺

①表のA，Bはそれぞれ何類か。

②表のCに当てはまるものを，次のア〜エから選び，記号で答えなさい。

ア　うろこでおおわれている。

イ　しめった皮膚でおおわれている。

ウ　羽毛でおおわれている。

エ　毛でおおわれている。

③表のDの子のうまれ方を何というか。

④表のEの呼吸のしかたを幼生と成体でそれぞれ答えなさい。

---

1 計24点

①	3点
②	3点
③	3点
④	3点
⑤	3点
⑥	3点
⑦	3点
⑧	3点

2 計16点

①	4点
②A	4点
E	4点
③	4点

3 計24点

①A	4点
B	4点
②	4点
③	4点
④幼生	4点
成体	4点

4 図はセキツイ動物であるアジと，無セキツイ動物であるイカのからだのスケッチである。次の問いに答えなさい。

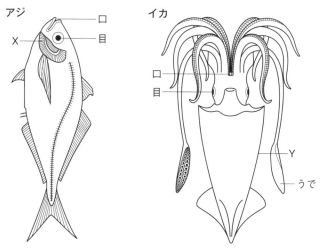

4	計16点
①	4点
②	4点
③	4点
④	4点

①図のXはアジが呼吸するためのものである。Xは何か。

②図のYは内臓を包む筋肉でできた膜である。Yは何か。

③イカのようにYがあり，からだやあしに節のない無セキツイ動物のなかまを何というか。

④③と同じなかまの動物を，次の**ア**〜**エ**から選び，記号で答えなさい。

ア クモ　**イ** バッタ　**ウ** アサリ　**エ** ミミズ

5 図のように，8種類の動物をそれぞれの特徴によって，A〜Dのグループに分類した。次の問いに答えなさい。

5	計20点
①	4点
②	4点
③ a	4点
b	4点
④	4点

①図のAとBのグループは背骨がある動物か，背骨のない動物かで分類している。背骨のない動物はA，Bどちらか。

②図のCとDのグループはどのようなちがいによって，分類したか。次の**ア**〜**エ**から選び，記号で答えなさい。

ア 陸上で生活するか，水中で生活するか。

イ 親が卵をうむか，母体内である程度育った子をうむか。

ウ えらで呼吸するか，肺で呼吸するか。

エ 体表がうろこでおおわれているか，おおわれていないか。

③バッタについて説明した次の文の（　）に当てはまる言葉を書きなさい。

　バッタのからだは（　a　）という殻でおおわれており，からだやあしには（　b　）がある。

④③のような特徴をもつなかまを何というか。

教科書 p.68

確かめと応用 ┆ 単元 **1** ┆ いろいろな生物とその共通点

1 身近な生物の観察と記録

学校の周辺で野外観察を行った。下図はセイヨウタンポポとドクダミが見られた場所を示した。

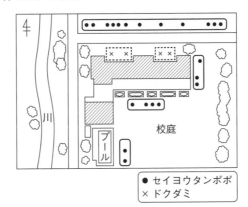

● セイヨウタンポポ
× ドクダミ

❶セイヨウタンポポやドクダミは，どんなところに多く見られたか。次のア〜ウからそれぞれ選びなさい。

　ア　日当たりが悪く，しめっているところ。

　イ　日当たりがよく，かわいているところ。

　ウ　日当たりがよく，しめっているところ。

❷観察するものが動かせるときのルーペの正しい使い方はどれか。次のア〜エから選びなさい。

　ア　ルーペを目から遠ざけて持ち，観察するものを前後に動かして，よく見える位置をさがす。

　イ　ルーペを目に近づけて持ち，観察するものを前後に動かして，よく見える位置をさがす。

　ウ　ルーペを目に近づけて持ち，ルーペを動かして，よく見える位置をさがす。

　エ　ルーペを目から遠ざけて持ち，ルーペを動かして，よく見える位置をさがす。

❸観察したものをスケッチする場合，どのようにかくか。次のア〜エから選びなさい。

　ア　先のまるい鉛筆を使い，太い線でかき，かげをつけて立体感を出す。

　イ　先のまるい鉛筆を使い，太い線でかき，かげをつけない。

　ウ　よくけずった鉛筆を使い，細い線ではっきりとかき，かげをつけない。

　エ　よくけずった鉛筆を使い，細い線ではっきりとかき，かげをつけて立体感を出す。

● 解答（例）

❶セイヨウタンポポ…イ　ドクダミ…ア　　❷イ　　❸ウ

○ 解説

❶図は，上が北側，下が南側になっているので，セイヨウタンポポが見られる校庭側や学校の敷地の外は日当たりがよく，地面はかわいていると考えられる。ドクダミが見られる校舎のそばは，日当たりが悪く，しめっていると考えられる。

❷ルーペは目に近づけて持ち，観察するものが動かせるときは，ルーペを動かさずに，観察するものを前後に動かす。観察するものが動かせないときは，ルーペを動かさずに，顔を前後に動かす。

❸スケッチは，細い線や小さい点でかき，線を重ねがきしたり，かげをつけたりしない。

確かめと応用 　単元 **1** 　いろいろな生物とその共通点

2 種子植物の花のつくり

図1は被子植物の花のつくりを，図2は果実のつくりを，図3はマツの花とまつかさを，それぞれ表したものである。次の問いに答えなさい。

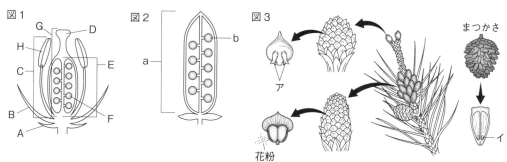

図1　図2　図3　まつかさ　花粉　ア　イ　G　D　H　E　C　B　F　A　a　b

❶ 「エンドウの花のつくり」のレポートをつくりたい。レポートの目的，結果に当てはまるものを，次のア〜オからそれぞれ選びなさい。

> **エンドウの花のつくり**
> 1年1組　○○○○
> 観察を行った日　4月24日
> 天気　晴れ
>
> **目的** 調べたいことを記入する。
>
> **準備**
>
> **方法**
>
> **結果** 観察や実験などからえられた事実を記入する。
>
> **考察**
>
> **反省・感想**

ア　がくは5枚，花弁は5枚，おしべは10本，めしべは1本あった。めしべのふくらんだ部分の中に小さな粒がたくさん見られた。

イ　どのエンドウの花も，がくや花弁の数が同じだった。また，めしべのふくらんだ部分が果実になると考えられる。

ウ　花のつくりをルーペで観察した後，花をいろいろな部分に分けて，それぞれの数を数える。めしべの下部のふくらんだ部分を縦に切って，断面を観察する。

エ　初めてエンドウの花を観察して，おもしろかった。さらに多くの植物についても調べ，花のつくりと種類との関係を調べたい。

オ　エンドウの花はどんなつくりをしているか，また，花のどの部分が果実に変化するかを調べる。

❷図1のA～Hの部分を何というか。

❸図2のa，bは，図1のA～Hのどの部分が変化したものか。

❹図3のア，イの部分を何というか。

❺図3のマツのような植物のグループを何というか。

● 解答（例）

❶目的…オ

　結果…ア

❷A…がく　B…花弁　C…おしべ　D…柱頭

　E…子房　F…胚珠　G…めしべ　H…やく

❸a…E

　b…F

❹ア…胚珠

　イ…種子

❺裸子植物

◎ 解説

❶目的は，「調べたいこと」を記入するのでオである。また，結果は，感想などは入れず，「観察から得られた事実」を記入するのでアである。イは「結果から考えたこと」を記入しているので「考察」，ウは「方法」，エは「反省・感想」に記入する内容である。

❷花のつくりは，外側から，がく（A），花弁（B），おしべ（C），めしべ（G）の順番に並んでいる。おしべの先端がやく（H）で花粉が入っている。めしべの先端（D）が柱頭，下部のふくらんだ部分が子房（E），子房の中の小さな粒が胚珠（F）である。

❸図2のaは果実，bは種子を表している。被子植物では，めしべの柱頭に花粉がついて受粉すると，子房は成長して果実に，胚珠は種子になる。

❹図3の上がマツの雌花，下が雄花を表している。アは雌花のりん片のつけ根にある胚珠である。胚珠に花粉が直接ついて受粉した後，マツの雌花は1年以上かかってまつかさになり，りん片の胚珠はイの種子になる。

❺子房がなく，胚珠がむき出しになっている植物を裸子植物という。

いろいろな生物とその共通点

📖 教科書 p.69

確かめと応用 ｜ 単元 **1** ｜ いろいろな生物とその共通点

❸ 双子葉類と単子葉類

図1，2は葉のようすを，図3，4は根のようすを，それぞれ表したものである。次の問いに答えなさい。

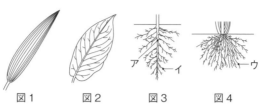

図1　　図2　　図3　　図4

❶図3，4のア〜ウの根を何というか。

❷図4のような根をもつ植物の子葉は何枚か。

❸次の文のア，イの（　　　）に当てはまる図をどちらか選びなさい。

　ヒマワリなどの双子葉類の葉脈のようすは，**ア**（図1・図2）で，根のようすは，**イ**（図3・図4）である。

● 解答（例）

❶ア…主根

　イ…側根

　ウ…ひげ根

❷1枚

❸ア…図2

　イ…図3

○ 解説

　胚珠が子房の中にある被子植物は，さらに単子葉類と双子葉類という2つのグループに分けることができる。

　子葉が1枚である単子葉類の葉脈は平行（図1）に通り，根はひげ根（図4のウ）からなる。単子葉類の植物の例としては，トウモロコシやスズメノカタビラ，イネなどがある。

　子葉が2枚である双子葉類の葉脈は網目状（図2）に通り，根は主根（図3のア）と側根（図3のイ）からなる。双子葉類の植物の例としては，ヒマワリやアサガオなどがある。

教科書 p.69

確かめと応用 ｜ 単元 **1** ｜ いろいろな生物とその共通点

4 植物の分類

次の図のように，植物をグループ分けした。次の問いに答えなさい。

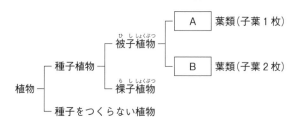

❶図のA，Bには，どのような言葉が当てはまるか。

❷種子植物を，被子植物と裸子植物に分けたときの特徴は何か。

❸種子をつくらない植物のグループをさらに分けるとき，どのような特徴で分けることができるか。次の文のア，イに当てはまる言葉をどちらか選びなさい。またウに当てはまる言葉を書きなさい。

　　葉・茎・根の区別がない植物は，**ア**(シダ・コケ)植物といい，葉・茎・根の区別がある植物は，**イ**(シダ・コケ)植物という。シダ植物・コケ植物ともに，**ウ**(　　　)でふえる。

● 解答〈例〉

❶A…単子

　B…双子

❷胚珠が子房の中にあるか，むき出しになっているか。

❸ア…コケ

　イ…シダ

　ウ…胞子

○ 解説

❶子葉が1枚の被子植物を単子葉類，子葉が2枚の被子植物を双子葉類という。

❷被子植物と裸子植物は，子房の有無によって分類できる。被子植物の胚珠は子房の中にあるが，裸子植物は子房がなく，胚珠がむき出しである。そのため，被子植物は受粉後，果実ができるが，裸子植物は果実ができない。

❸シダ植物とコケ植物はどちらも種子をつくらず胞子でふえるという共通点がある。また，シダ植物は葉・茎・根の区別があるが，コケ植物は葉・茎・根の区別がないという相違点がある。

教科書 p.69

確かめと応用 | 単元 **1** | いろいろな生物とその共通点

5 動物の分類

次の図は，いろいろな動物をいくつかの特徴をもとにして分けたものである。次の問いに答えなさい。

```
              ┌─ A：サル，ネズミ
          ┌ c ┤
          │   └─ B：ワシ，ニワトリ
        ┌ b ┤
        │   ├─ C：ワニ，カナヘビ
動物 ─ a ┤   └─ D：カエル，（ Ｘ ）
        │
        ├─ E：サケ，メダカ
        └─ F：イカ，エビ，カブトムシ
```

❶図の a ～ c は，それぞれ動物をどのような特徴でグループ分けしたものか。次のア～エからそれぞれ選びなさい。

　ア　背骨があるか，ないか。

　イ　卵生か，胎生か。

　ウ　肺で呼吸するか，えらで呼吸するか。

　エ　からだが毛や羽毛でおおわれているか，そうでないか。

❷図のCのグループを何というか。次のア～オから選びなさい。

　ア　魚類　　イ　鳥類　　ウ　ハチュウ類　　エ　両生類　　オ　ホニュウ類

❸図の（ Ｘ ）に当てはまる動物を，次のア～オから選びなさい。

　ア　タツノオトシゴ　　イ　カメ　　ウ　タコ　　エ　イモリ　　オ　コウモリ

❹卵に殻があるセキツイ動物のグループは，図のA～Fのどれか。

❺次の文の（ a ）～（ d ）に当てはまる適当な言葉は，それぞれ何か。下のア～カからそれぞれ選びなさい。

　　背骨のない動物は（ a ）とよばれ，その中でも（ b ）や（ c ）などは節足動物とよばれる。また，イカやアサリなどのなかまは（ d ）とよばれ，水中で生活するものが多い。

　ア　昆虫類　　　イ　セキツイ動物　　ウ　両生類

　エ　軟体動物　　オ　甲殻類　　　　　カ　無セキツイ動物

❻イカのいちばん外側のAの部分を何というか。

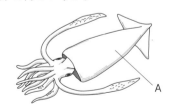

● 解答（例）

❶ a…ア　　b…エ　　c…イ

❷ ウ

❸ エ

❹ B，C

❺ a…カ　　b，c…ア，オ　　d…エ

❻ 外<ruby>外<rt>がい</rt></ruby>とう<ruby>膜<rt>まく</rt></ruby>

◎ 解説

❶❷ Aはホニュウ類，Bは鳥類，Cはハチュウ類，Dは両生類，Eは魚類，Fは無セキツイ動物のグループである。したがって，aはセキツイ動物と無セキツイ動物を分類する特徴なので，アが当てはまる。ホニュウ類，鳥類の体表は毛や羽毛でおおわれているが，ハチュウ類と魚類はうろこ，両生類はしめった<ruby>皮膚<rt>ひふ</rt></ruby>であるので，bはエが当てはまる。ホニュウ類は母親の体内で育ってから子がうまれる胎生だが，鳥類は陸上に卵をうむ卵生であるので，cはイである。

❸ タツノオトシゴは魚類，カメはハチュウ類，タコは無セキツイ動物，コウモリはホニュウ類である。

❹ 卵生の動物のうち，魚類と両生類は水中に殻のない卵をうむが，ハチュウ類と鳥類は陸上に殻のある卵をうむ。

❺❻ 無セキツイ動物は，外骨格があり，からだやあしに節がある節足動物と，からだやあしに節がなく，内臓が外とう膜（イカの外側のAの部分）で包まれている軟体動物，その他の無セキツイ動物のグループに分けられる。節足動物はさらに，カブトムシなどの昆虫類とエビなどの甲殻類，その他の節足動物に分けられる。

　教科書 p.70　**活用編**

確かめと応用　単元**1**　いろいろな生物とその共通点

1 魚類の特徴

次の文は，Tさんとお父さんのうなぎ屋さんでの会話である。下の問いに答えなさい。

T「ウナギって無セキツイ動物なのかな？」

父「なぜそう思うの？」

T「細長いし，1) からだの中に骨がないもの。」

父「骨はお店の人がとって料理してくれているんだ。2) ウナギは魚類だぞ。」

❶ 下線1）より，Tさんはウナギを何と同じグループだと考えていましたか。次のア〜ウから1つ選びなさい。

ア　シマヘビ　　イ　ミミズ　　ウ　ウツボ

❷ 下線2）のお父さんの言葉から考えて，**❶**で選んだ生物にはないが，ウナギにはあるものは何か。骨以外に1つ以上あげなさい。

❸ ウナギなどの魚類やカエルなどの両生類の卵には<ruby>殻<rt>から</rt></ruby>がなく，ハチュウ類や鳥類の卵には殻がある。殻がある卵の利点として考えられることを，生活する場所のちがいから説明せよ。

● 解答（例）

❶イ

❷えら，うろこ，ひれ

❸陸上に卵をうむため，乾燥（かんそう）から卵を守ることができる。

○ 解説

❶シマヘビはセキツイ動物のハチュウ類，ミミズは無セキツイ動物，ウツボはセキツイ動物の魚類に分類される。

❷魚類の特徴として，水中で生活するため，ひれで泳ぎえらで呼吸すること，体表がうろこでおおわれていることなどがあげられる。ウナギのうろこは皮膚の下にうまっているので肉眼では見えない。ミミズは土の中で生活し，皮膚で呼吸を行っている。体表にうろこはない。

❸魚類，両生類の幼生は水中で生活する。そのため，殻のない卵を水中にうむ。一方，陸上で生活するハチュウ類と鳥類は，卵を陸上にうむ。陸上は乾燥しているため，卵に殻があり，殻は卵の内部の乾燥を防いでいる。また，ハチュウ類の卵の殻は弾力があるが，鳥類の卵の殻はかたく，より乾燥に強いつくりになっている。

 教科書 p.70　活用編

確かめと応用　単元 1　いろいろな生物とその共通点

2 果実や種子のつくり

次の文は，SさんとUさんがイチゴを見ながら会話しているようすである。下の問いに答えなさい。

U「胚珠（はいしゅ）が種子になって，子房（しぼう）が果実になると習ったけれど，イチゴの実には，どこに種子があるのかな。」

S「外側の粒（つぶ）が種子なのかな。そうすると，子房だった部分はどこに相当するのかな？」

U「イチゴの実の内側に種子があるんじゃないかな？」

S「イチゴの実のどこから芽が出てくるかためしてみようよ。」

❶SさんとUさんは次のような仮説を立てた。この仮説を検証するための実験を考えなさい。

仮説：イチゴの実の中心部には見えないほど小さい種子があり，発芽する。外側の粒は種子ではない。

❷❶の実験の結果，イチゴの実の外側の粒から発芽することがわかった。次の会話の空欄（くうらん）ア，イにあてはまる内容として考えられるものを書きなさい。

U「イチゴの外側の粒が種子だと考えられるね。」

S「イチゴには子房がなかったのかな。じゃあイチゴは（　ア　）なのかな？」

U「いや，（　イ　）があるはずだから，私は被子植物（ひししょくぶつ）だと思う。先生に聞いてみよう。」

先生「イチゴは被子植物です。イチゴの実の食べている部分は果実ではなく，1) 花托（かたく）という茎（くき）の一部分が成長したものです。イチゴの果実は痩果（そうか）といって，とても小さいのです。痩果の種子以外の部分はかたくてうすくなっています。2) 双眼実体顕微鏡（そうがんじったいけんびきょう）を使って表面の粒の断面を観察してみましょう。」

❸下図はイチゴとウメの花の断面図である。先生の助言を参考に，イチゴの下線部1）に相当する部分は，ウメのどの部分か。図中の記号で答えなさい。

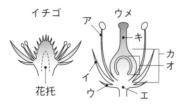

❹表面の粒の断面を観察する際，下線部2）以外に必要な器具を1つ書きなさい。

❺SさんとUさんは先生の助言をもとに，イチゴの外側の粒の断面を観察した。このとき見られた像として最も近い図を，次のア〜ウより1つ選びなさい。

（うすい色：種子，こい色：種子以外の部分）

● 解答（例）

❶イチゴの実をそのまま置いておき，発芽の変化が見られるようになったら，断面を観察する。

❷ア…裸子植物　　イ…子房もしくは果実

❸エ

❹カッターナイフ，カミソリの刃，ピンセット

❺ウ

○ 解説

❶「イチゴの実の中心部には見えないほど小さい種子があり，発芽する。」と仮説を立てているので，実際にイチゴを発芽させ，どの部分から発芽しているかを調べるとよい。

❷ア…子房がない種子植物とは，裸子植物である。

　イ…Uさんは，イチゴは被子植物であると考えているので，被子植物の特徴を書けばよい。被子植物は，胚珠が子房の中にあり，受粉すると果実ができる植物である。

❸先生の説明より，花托は茎の一部だから，ウメではエの部分である。ウメの図のアはおしべ，イは花弁，ウはがく，オは胚珠，カは子房，キはめしべの花柱とよばれる部分である。

❹粒の断面を観察するので，切断するためのカッターナイフやカミソリの刃，観察物をつまむピンセットが必要である。双眼実体顕微鏡は，プレパラートをつくらずに観察物を観察することができるため，スライドガラスなどの器具は必要ない。

❺被子植物は受粉後，めしべの下部の子房が果実に，子房の中にある胚珠が種子に成長するので，果実の中に種子ができる。また，先生の助言から，痩果の種子以外の部分（果実部分）はかたくてうすいので，イチゴの粒の断面はウである。❸のイチゴの花の断面図より，花托の上の方にめしべが複数ついている。これらが受粉し，たくさんのイチゴの粒になったと考えられる。

確かめと応用 ｜ 単元 **1** ｜ いろいろな生物とその共通点

❸ 動物の分類

Ａさんとｌさんが教科書58ページの動物分類ゲームをしている。Ａさんはカードをふせており，ｌさんが質問している。

ｌ「その動物には背骨はある？」

Ａ「いいえ。」

ｌ「₁)<u>外骨格</u>がある？」

Ａ「はい。」

ｌ「（　　　2　　　）？」

Ａ「いいえ。」

ｌ「あしは6本の動物ですか？」

Ａ「はい。」

❶ ｌさんが下線1)の質問で判断しようとしたことは何か。

❷ このやりとりの結果，さらに質問をすることなくｌさんはＡさんのカードの分類名を答え正解した。ｌさんの空欄2の質問として，最も適切なものを，以下のア～エから1つ選び記号で答えよ。

　ア 肉眼で見えるか　　**イ** えらで呼吸するか　　**ウ** 卵をうむか　　**エ** 植物を食べるか

❸ Ａさんのもつカードの動物の分類名を答えよ。

❹ Ａさんのカードには以下のような記述があった。

```
          ○○（動物の名前）

観察者… A
観察した日… 4 月19日　天気…晴
見つけた場所…公園の池
特徴　・大きさ…約 1 cm
　　　・からだの色…かっ色
　　　・あしの数…6 本
　　　・水面にあしの先をつけて浮く。
　　　　水面をすべるように移動する。



        （動物のスケッチ）
```

　Ａさんのカードの動物のスケッチを右のア～エから1つ選べ。

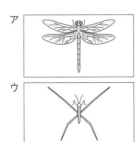

今度は I さんがカードをふせ，A さんが質問する。

 A 「その動物はうろこでおおわれている？」

 I 「いいえ。」

 A 「その動物は卵をうむ？」

 I 「はい。」

 A 「その動物は水中で生活する時期がある？」

 I 「いいえ。」

❺このやりとりの結果，A さんは無セキツイ動物ではないかと考えたが不正解だった。この時点でほかに考えられる，I さんのもつカードにかかれている動物の分類名は何か。

❻A さんが，あと 1 つだけ質問して，❺で答えた分類名にたどりつくにはどのような質問をすればよいと考えられるか。

● 解答（例）

❶節足動物か，それ以外か。

❷イ

❸昆虫類

❹ウ

❺鳥類

❻背骨があるか。

○ 解説

❶外骨格とは，節足動物などに見られるからだの表面をおおうかたい殻のことである。無セキツイ動物は，外骨格でおおわれていて，からだやあしに節がある節足動物，外骨格やからだの節がなく外とう膜をもつ軟体動物，その他のグループに分類できる。

❷空欄 2 までで A さんのカードの動物は節足動物であるとわかっている。節足動物は，さらに昆虫類，甲殻類，クモなどのその他の節足動物の 3 つのグループに分けられるので，このうちのどれかを判断する質問をする。昆虫類は胸部や腹部にある気門から空気をとりこんで呼吸するが，カニ，エビなどの甲殻類は水中で生活するものが多く，えらや皮膚で呼吸する。ア，ウ，エは 3 つのグループの動物に共通する特徴である。

❸❹あしが 6 本ある節足動物は昆虫類である。A さんのカードには，「水面にあしの先をつけて浮く」とあるので，ウのアメンボである。アのトンボは昆虫類，イのミジンコは甲殻類，エのクモはその他の節足動物に分類される。

❺質問から，無セキツイ動物のほか，セキツイ動物の中で，うろこでおおわれていない（両生類，鳥類，ホニュウ類）→卵生（両生類，鳥類）→水中で生活する時期がない（鳥類）という順番でしぼりこめる。

❻無セキツイ動物とセキツイ動物の鳥類のいずれかの可能性があるので，無セキツイ動物とセキツイ動物を分類する特徴を質問すればよい。

単元 2

身のまわりの物質

第1章 身のまわりの物質とその性質

これまでに学んだこと

▶ **電気を通す物**（小3）　鉄やアルミニウムなどの金属は，電気を通す。紙，ガラス，プラスチックなどは，電気を通さない。

▶ **磁石に引きつけられる物**（小3）　鉄は磁石に引きつけられる。紙やガラス，プラスチックや，アルミニウムなどは，磁石に引きつけられない。2つの磁石を近づけると，ちがう極どうしは引き合い，同じ極どうしはしりぞけ合う。磁石に鉄をつけると，鉄が磁石になる。

▶ **同じ体積で重さがちがう物**（小3）　体積が同じでも，物によって重さがちがう。

> 金属のうち，鉄は磁石についたけど，アルミニウムや銅は磁石につかなかったね。

第1節 物の調べ方

要点のまとめ

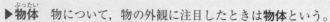

▶ **物体**　物について，物の外観に注目したときは**物体**という。

▶ **物質**　物について，物を形づくっている材料に注目したときは**物質**という。

📖 教科書 p.77

活用　学びをいかして考えよう

自分たちの住んでいる町では，資源ごみをどのように分別して回収しているか調べよう。

○ 解説

　一般的に，びん，スチールかんやアルミニウムかん，新聞紙や段ボールの紙，ペットボトル，布，トレイや発泡スチロールなどのプラスチックなどを分別回収している自治体が多い。スムーズに分別回収できるように，各自治体などで分け方や出し方のルールが決まっている。分別して回収することで，再利用がしやすくなる。最近では，レアメタルなどの有用な金属をふくむ小型家電などを回収する自治体も多くなってきている。

第2節 金属と非金属

要点のまとめ

▶**金属に共通した性質**
- みがくと光る（金属光沢をもつ）。
- 熱をよく伝える。
- たたくとのびてうすく広がる。（展性）

- 電気をよく通す。
- 引っ張ると細くのびる。（延性）

※**磁石につくのは，鉄などの一部の金属だけである。**

▶**非金属** 金属以外の物質のこと。

 教科書 p.78

実験 1
金属と非金属のちがい

● **結果（例）**

調べた物	電気を通す…○ 電気を通さない…×	磁石につく…○ 磁石につかない…×
鉄くぎ	○	○
アルミニウムはく	○	×
スチールかん	○	○
アルミニウムかん	○	×
陶器のカップ	×	×
プラスチックの三角定規	×	×
竹の定規	×	×
消しゴム	×	×

◎ **結果の見方**

●電気を通し，磁石についた物質には，どのような物があったか。そのほかの物はどのような性質を示したか。
- 電気を通したもの…金属（鉄くぎ，アルミニウムはく，スチールかん，アルミニウムかん）
- 電気を通さないもの…非金属（陶器のカップ，プラスチックの三角定規，竹の定規，消しゴム）
- 磁石についたもの…鉄（鉄くぎ，スチールかん）　　※ほかの金属は磁石につかなかった。

◎ **考察のポイント**

●金属と非金属とを見分けるには，何がわかればよいか。
　金属には電気をよく通す性質があるので，電気を通すかどうかで金属と非金属が見分けられる。**磁石につくことは金属に共通の性質ではない。**

教科書 p.81

活用　学びをいかして考えよう

教科書81ページの写真のような金属が使われている製品は，金属のどのような性質を利用しているか，説明しよう。

● 解答（例）

・たたき出しのなべ…たたくとのびてうすく広がる（展性）。熱をよく伝える。
・プラグ…電気をよく通す。
・懐中電灯…光を反射する部分は，金属光沢を利用。電気回路部分は，電気をよく通す。
・アイロン…熱をよく伝える。

第3節　さまざまな金属の見分け方

要点のまとめ

▶**質量**　上皿てんびんや電子てんびんで，はかることのできる物質そのものの量のこと。

▶**密度**　その物質の単位体積あたりの質量のこと。密度は，物質ごとに固有の値をもっている。

物質の密度〔g/cm³（グラム毎立方センチメートル）〕

$$= \frac{物質の質量〔g〕}{物質の体積〔cm^3〕}$$

▶**液体中のうきしずみ**　液体より密度が大きい物体はしずみ，液体より密度が小さい物体はうく。液体と液体，気体と気体の間でも，密度の大小によって物のうきしずみが起こる。

▶**電子てんびんの使い方**

・**物質の質量をはかるとき**

①電子てんびんを水平なところに置き，電源を入れる。
②何ものせないときの表示を，0.0 g や 0.00 g などにする。
③はかろうとする物をのせて，数値を読みとる。

・**一定の質量の薬品をはかりとるとき**

①容器や薬包紙をのせてから，0.0 g や 0.00 g などにする。
②薬品を少量ずつのせていき，はかりとりたい質量になったら，のせるのをやめる。

▶**上皿てんびんの使い方**

・**準備**

　上皿てんびんを水平なところに置き，何ものせない状態で，**針が左右に等しくふれるか**を確認する。等しくふれない場合

● **上皿てんびんの使い方**
　（物質の質量をはかるとき）

針が，中央で静止しているか，左右に等しくふれている。　分銅の質量を合計する。

うで

調節ねじ

には，**調節ねじを使って，等しくふれるようにする。**

・**物質の質量をはかるとき**

①はかろうとする物を一方の皿にのせ，他方の皿には，それより**少し重いと思われる分銅**をのせる。

②分銅が重過ぎたら，ひとつ小さい分銅ととりかえる。その分銅だけで軽い場合は，のせた分銅よりひとつ小さい分銅を加える。これをくり返してつり合わせてから，分銅の質量を合計する。

→**針が左右に等しくふれていればつり合っている**と判断でき，針が静止するのを待たなくてもよい。

・**一定の質量の薬品をはかりとるとき**

①一方の皿に折った薬包紙を置き，はかりとりたい質量の分銅をのせる。

②他方の皿に薬包紙をのせ，薬品を少量ずつのせていって，つり合わせる。

・**測定後のあとかたづけ**

上皿てんびんのうでが動かないように，皿を一方に重ねておく。

▶**メスシリンダーの使い方**

①実験の目的に合った容量のメスシリンダーを用意し，1目盛りの体積がいくらかを確かめる。

②水平なところに置き，**目の位置を液面と同じ高さにして，**液面のいちばん平らなところを，**1目盛りの$\frac{1}{10}$まで**目分量で読みとる。

・**物体の体積の調べ方**

①液体の体積を読みとる。

②液体の中に物体をしずめる。うく物は，体積に影響しない細いもの（針金など）で全体をおしこみ，目盛りを読む。

③物体をしずめる前と，しずめた後の目盛りの差が物体の体積である。

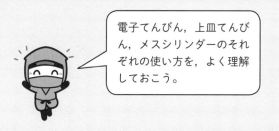

電子てんびん，上皿てんびん，メスシリンダーのそれぞれの使い方を，よく理解しておこう。

●**上皿てんびんの使い方**
（**一定の質量の薬品をはかりとるとき**）

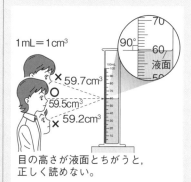

分銅をのせる皿にも薬包紙をのせる。

薬品を少しずつのせる。

分銅　　薬包紙

●**メスシリンダーの使い方**
（**目盛りの読みとり方**）

$1\ mL = 1\ cm^3$

90°

液面

×59.7cm³

○59.5cm³

×59.2cm³

目の高さが液面とちがうと，正しく読めない。

（**物体の体積の調べ方**）

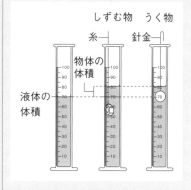

しずむ物　うく物

糸　　針金

物体の体積

液体の体積

教科書 p.83

練習

体積150 cm³，質量405 gの物質の密度を求めなさい。

● **解答(例)**

2.7 g/cm³

◎ **解説**

$$物質の密度〔g/cm^3〕= \frac{物質の質量〔g〕}{物質の体積〔cm^3〕} = \frac{405\,g}{150\,cm^3} = 2.7\,g/cm^3$$

なお，教科書82ページの表1から，この物質はアルミニウムとわかる。

 教科書 p.83

実験2

密度による金属の区別

◎ **結果の見方**

●求めた密度と教科書82ページの表1の値を比べて，どの金属と近かっただろうか。

それぞれの金属の密度を，$物質の密度〔g/cm^3〕= \dfrac{物質の質量〔g〕}{物質の体積〔cm^3〕}$ の式を使って求め，

教科書82ページの表1の値と比べる。

(例)質量11.8 g，体積1.50 cm³の金属

$$物質の密度〔g/cm^3〕= \frac{物質の質量〔g〕}{物質の体積〔cm^3〕} = \frac{11.8\,g}{1.50\,cm^3} = 7.866\cdots g/cm^3 ≒ 7.87\,g/cm^3$$

教科書82ページの表1の鉄の密度(7.87 g/cm³)と近い。

※記号≒は，ほぼ等しいことを表す。

◎ **考察のポイント**

●金属どうしを見分けるには，何がわかればよいか。

金属どうしを見分けるには，物体の質量と体積をはかって，その密度を求めればよい。物質ごとに決まっている密度から，金属を見分けることができる。金属だけでなく，あらゆる物質は固有の密度をもつため，その密度から物質が何であるかを推測することができる。

 教科書 p.85

活用　学びをいかして考えよう

氷がしずむ液体には，どのようなものがあるか。教科書85ページの表1をもとに考えよう。

◎ **解説**

氷は，氷より密度の大きい液体にうき，氷より密度の小さい液体にはしずむ。教科書85ページの表1を見ると，氷より密度の小さい液体はエタノールだから，エタノールに氷を入れると氷はしずむ。菜種油の密度は氷の密度とほぼ同じなので，氷は菜種油の中にただよい，ただちにうき上がったり，しずみこんだりすることはない。氷より密度の大きい水や水銀に氷を入れるとうく。

第4節 白い粉末の見分け方

要点のまとめ

▶**ガスバーナーの使い方**

・**ガスバーナーのしくみ**

　ねじは2つあり，上が**空気調節ねじ**，下が**ガス調節ねじ**である。

・**ガスバーナーに火をつけるとき**

　①上下2つのねじが閉まっているか，確かめる。

　②ガスの元栓を開く（コックつきのガスバーナーの場合は，コックも開く）。

　③マッチに火をつけ，**ガス調節ねじ**を少しずつ開いて，点火する。

・**炎を調節するとき**

　①ガス調節ねじをさらに開いて，炎を適当な大きさ（10cmぐらい）に調節する。

　②ガス調節ねじをおさえて，**空気調節ねじ**だけを少しずつ開き，**青色**の安定した炎にする。

・**火を消すとき**

　①ガス調節ねじをおさえて，**空気調節ねじ**を閉める（ねじをきつく閉め過ぎない）。

　②**ガス調節ねじ**を閉めて，火を消す。

　③元栓を閉じる（コックつきの場合はコックを先に閉じる）。

▶**有機物**　炭素をふくむ物質のことで，**燃やすと，二酸化炭素と水ができる**。砂糖，デンプン，ロウ，エタノール，プラスチック，プロパンなどがある。ただし，炭素や二酸化炭素は，炭素をふくむが有機物とはいわない。

▶**無機物**　有機物以外の物質のこと。食塩や金属など。

●**ガスバーナーのしくみ**

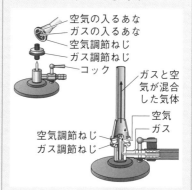

空気の入るあな
ガスの入るあな
空気調節ねじ
ガス調節ねじ
コック
ガスと空気が混合した気体
空気
ガス
空気調節ねじ
ガス調節ねじ

●**ガスバーナーに火をつけるとき**

マッチの炎を近づけてからガス調節ねじを開く。

●**炎を調節するとき**

①ガス調節ねじをさらに開いて炎の大きさを10cmぐらいにする。

②空気調節ねじだけを少しずつ開いて青い炎にする。

教科書 p.88〜p.90

実験3

白い粉末の区別

○ 実験のアドバイス

この実験であつかう物質は，安全であることがわかっているので手ざわりを調べているが，理科の実験では物質が何であるかわからない場合もある。むやみに味を調べたり手でさわったりしてはいけない。

● 結果（例）

（白砂糖，デンプン，食塩，グラニュー糖を見分ける実験の場合）

実験方法	結果			
	粉末A	粉末B	粉末C	粉末D
粒のようすや手ざわりなどを調べる。	透明で立方体の形。粒の大きさはだいたいそろっている。	透明で，粒の大きさがそろっていない。	透明で角ばっている。粒の大きさがそろっていない。Bより粒が大きい。	白くて細かい。さらさらした手ざわり。
試験管にそれぞれの物質を入れて，水を入れてよくふり混ぜたときのとけるようすを調べる。	水にとけた。	水にとけた。	水にとけた。	水にとけず，白くにごった。
それぞれの物質をアルミニウムはくの容器に入れ，弱火で熱したときのようすを調べる。	パチパチとはねたが，物質は変化しなかった。	液体になって甘いにおいがした。やがてこげた。	液体になって甘いにおいがした。やがてこげた。	黒くこげて，こうばしいにおいがした。

○ 考察

実験結果より，粉末Aは食塩，粉末Bは白砂糖，粉末Cはグラニュー糖，粉末Dはデンプンであると考えられる。

○ 解説

食塩は立方体の決まった形をしており，また，無機物なので，加熱しても変化しないことから判断できる。白砂糖，デンプン，グラニュー糖は，炭素をふくむ有機物なので，加熱すると黒くこげる。そのうち，白砂糖とグラニュー糖は水にとけるが，デンプンは水にとけないので，デンプンを判断することができる。白砂糖とグラニュー糖は粒のようすのちがいから判断できる。

教科書 p.90

検討改善　解決方法を考えよう

①自分たちの班の結果の中で，それぞれの粉末の正体を判断するのに，用いることができる「根拠となるもの」が何かを考えよう。また，自分たちの班の結果とほかの班の結果で，どのような部分が共通していたり異なっていたりするかを比べよう。

②教科書90ページの表のような結果が出た班どうしの場合，どのような点を話し合うとよいかを考えよう。

解説

①本紙52ページの実験3の「解説」を参照すること。

②デンプンのように水にとけない粉末は，水に入れるとほとんどがとけ残る。水にとける粉末でも，同じ温度の一定量の水にいくらでもとけるわけではなく，とかそうとする物質がある量以上になるととけ残ってしまう（教科書113ページ参照）。粉末Aについては，班により結果が異なっており，「かなりとけたが，残った。」と結果が出た班では，水の量に対して粉末の量が多かったと考えられる。

　実験を行うときは，調べたい条件以外の条件は，同じにしておかなければならない。この実験の場合は，試験管に入れる粉末の量や加える水の量は4つの物質とも同じにし，1班も2班も同じ条件で実験する必要があった。

 教科書 p.91

活用　学びをいかして考えよう

身のまわりの物質のなかで，熱すると炭になる物をあげよう。

解答（例）

リンゴ，米，肉などの食品。木片，植物の葉や茎など。

解説

炭素をふくむ物質である有機物を熱すると，こげて，やがて炭になる。よって，ここであげたものは有機物である。

　なお，炭が観察される物は，その多くが固体である。液体で燃焼しやすい物質は，物質内の炭素がすぐに二酸化炭素になってしまうことが多いので，炭はなかなか観察されにくい。

単元 2 身のまわりの物質

教科書 p.92

章末　学んだことをチェックしよう

---

❶ 物の調べ方

　物は，それをつくっている物（材料）に注目したとき，（　　）という。また，その性質の調べ方はさまざまで，例として（　　）がある。

● 解答（例）

物質

手ざわりやにおいのちがいを調べる，電気を通したり磁石についたりするかを調べる，質量や体積をはかる，水に入れたときのようすを調べる，熱したときのようすを調べる，薬品を使って調べる，など。

◎ 解説

　物は，その外観に注目したときは物体といい，物を形づくっている材料に注目したときは物質という。物質を見分けるには，形や状態の観察だけでなく，上記の解答例のような方法でその性質を調べるとよい。

---

❷ 金属と非金属

　金属に共通な性質は何か。

● 解答（例）

みがくと光る（金属光沢をもつ），電気をよく通す，熱をよく伝える，引っ張ると細くのびる（延性），たたくとのびてうすく広がる（展性），など。

◎ 解説

　解答例のような性質があるかないかで，物質を金属と非金属に分けることができる。非金属は，これら全ての性質をもつことはない。磁石につくのは，鉄などの一部の金属だけで，金属に共通な性質ではない。

---

❸ さまざまな金属の見分け方

1. ふつう単位体積 $1\,cm^3$ あたりの質量を，その物質の（　　）という。
2. 1辺が $2\,cm$ の立方体の質量が $71.68\,g$ のとき，この立方体の密度を求めなさい。

● 解答（例）

1. 密度
2. $8.96\,g/cm^3$

◎ 解説

2. 立方体の体積は $2\,cm \times 2\,cm \times 2\,cm = 8\,cm^3$ である。

　よって，この立方体の密度は，$\dfrac{71.68\,g}{8\,cm^3} = 8.96\,g/cm^3$。教科書82ページの表1の値と比べると，この物質は銅だと考えられる。

❹ 白い粉末の見分け方

炭素をふくみ，燃えたときに二酸化炭素が発生する物質を（　　）という。

● **解答（例）**

有機物
ゆう き ぶつ

○ **解説**

炭素をふくみ，燃えると二酸化炭素と水を発生する物質を有機物という。これに対し，有機物以外の物質を無機物という。なお，炭素や二酸化炭素は炭素をふくむが有機物とはいわない。
む き ぶつ

 教科書 p.92　　**章末　学んだことをつなげよう**

鉄，アルミニウム，デンプン，砂糖，食塩の性質を，表にまとめよう。

● **解答（例）**

性質	鉄	アルミニウム	デンプン	砂糖	食塩
見ため	金属光沢	金属光沢	白い粉末	透明で角ばった粉末	透明で，立方体の形の粉末
手ざわり	かたい	かたい	さらさら	ざらざら	ざらざら
水に入れる	しずむ	しずむ	しずむ	とける	とける
加熱する	熱くなる 注1	熱くなる 注2	こげる	こげる	変化しない
電気	通す	通す	通さない	通さない	通さない
磁石	つく	つかない	つかない	つかない	つかない

注1：スチールウールは熱と光を出して燃える。　注2：アルミニウムはくは熱と光を出して燃える。

○ **解説**

物質の見ため・手ざわり，水へ入れたときのようす，熱したときのようす，電気を通すか，磁石につくかなどの物質の性質をまとめる。

●**金属**…鉄，アルミニウム／**非金属**…デンプン，砂糖，食塩

　金属には，みがくと光る，電気をよく通す，熱をよく伝える，引っ張ると細くのびる，たたくとのびてうすく広がるなどの共通の性質がある。磁石につく性質をもつのは鉄などの一部の金属である。

●**有機物**…デンプン，砂糖／**無機物**…鉄，アルミニウム，食塩

　有機物は，熱するとこげたり燃えたりして二酸化炭素や水が発生する。無機物のうち，鉄，アルミニウムは金属なので熱をよく伝える性質があるが，食塩は変化しない。

●**水に入れたときのようす（とける・とけない，しずむ・うく）**

とける…砂糖，食塩／とけない…鉄（しずむ），アルミニウム（しずむ），デンプン（しずむ）

金属の鉄，アルミニウムはその密度が水の密度よりも大きいため，水にしずむ。

教科書 p.92

Before & After

台所の食器や調理器具は，どのような目的から，材料のどのような性質を利用してつくられているのだろうか。

● **解答（例）**

アルミニウム製や鉄製のなべは，金属の熱をよく通す性質を利用し，加熱調理しやすくしている。

◎ **解説**

金属は，熱をよく伝える性質があるので，なべやフライパンなどに利用されている。また，金属は，細くのびたり，うすく広がったりするので，いろいろな形に加工でき，包丁やアルミニウムはくなどにも使われている。

定着ドリル　第**1**章　身のまわりの物質とその性質

①体積 20 cm³，質量 54 g の物質の密度を求めなさい。

②体積 45 cm³，質量 403.2 g の物質の密度を求めなさい。

③体積 150 cm³，質量 138 g の物質の密度を求めなさい。

①
②
③

答え
①2.7g/cm³　②8.96g/cm³　③0.92g/cm³

定期テスト対策 第1章 身のまわりの物質とその性質

解答 p.186

/100

1 次の問いに答えなさい。

①金属をみがくと光る特有のかがやきを何というか。

②磁石につくことは，金属に共通した性質であるといえるか。

③金属以外の物質を何というか。

④上皿てんびんや電子てんびんではかる物質そのものの量を何というか。

⑤物質の単位体積あたりの④を何というか。

⑥体積$50\,\mathrm{cm}^3$，質量$525\,\mathrm{g}$の物質の⑤を求めなさい。

⑦炭素をふくみ，燃えて二酸化炭素と水ができる物質を何というか。

⑧⑦以外の物質を何というか。

1　計40点

①	5点
②	5点
③	5点
④	5点
⑤	5点
⑥	5点
⑦	5点
⑧	5点

2 図のようなガスバーナーの使い方について，次の問いに答えなさい。

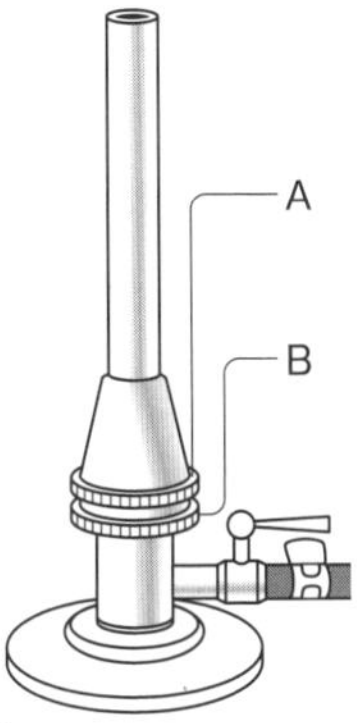

①A，Bの部分の名称を書きなさい。

②ガスバーナーに火をつけるときの順に，次のア〜オを並べかえなさい。

　ア　Aを開く。　　イ　Bを開く。

　ウ　ガスの元栓とコックを開く。

　エ　A，Bが閉まっているのを確認する。

　オ　マッチに火をつけ，筒の先端に近づける。

③炎の適正な色は何色か。

2　計30点

①A	5点
B	5点
②	10点
③	10点

3 図のように，石灰水の入った集気びんの中で，燃焼さじの上にのせた白砂糖を熱した。次の問いに答えなさい。

①火が消えた後，集気びんから燃焼さじを出し，ふたをしてふると，石灰水はどのようになるか。

②①のようになるのは，何が発生したからか。

③②が発生することから，白砂糖は何をふくむことがわかるか。

④白砂糖のかわりに熱し，燃えた後，ふたをしてふると石灰水が①のようになるものを，次のア〜エから全て選びなさい。

　ア　デンプン　　イ　スチールウール（鉄）

　ウ　食塩　　　　エ　エタノール

燃焼さじ
ふた
集気びん
白砂糖
石灰水

3　計30点

①	10点
②	5点
③	5点
④	10点

第2章 気体の性質

これまでに学んだこと

▶**気体の集め方**(小6)　水で満たした集気びんを，水中で逆さにして，ボンベから出た気体を集める。

▶**酸素と二酸化炭素のはたらき**(小6)

・**酸素**は，物を燃やすはたらきがあるので，火のついたろうそくを酸素の中に入れると，激しく燃える。**窒素や二酸化炭素**には，物を燃やすはたらきはない。

・木やろうそくなどが燃えると，空気中の酸素の一部が使われて，二酸化炭素ができる。二酸化炭素を**石灰水**に通すと，**白くにごる**。

・空気は，体積の割合で窒素が約$\frac{4}{5}$，酸素が約$\frac{1}{5}$である。

物が燃える前の空気と物が燃えた後の空気を，石灰水や気体検知管を使って調べたね。

第1節 身のまわりの気体の性質

要点のまとめ

▶**気体の発生方法と集め方**

①**二酸化炭素**

・**発生方法**　石灰石や貝がらにうすい塩酸を加える。(ほかにも，炭酸水を熱する，ベーキングパウダーに食酢を加える，など)

・**集め方**　空気より密度が大きいので，直接集気びんに集めることができる。また，水に少ししかとけないので，水と置きかえて集めることができる。

②**酸素**

・**発生方法**　二酸化マンガンにオキシドール(うすい過酸化水素水)を加える。

・**集め方**　水にとけにくいので，水と置きかえて集めることができる。

③**水素**

・**発生方法**　鉄や亜鉛などの金属にうすい塩酸や硫酸を加える。

● **二酸化炭素のつくり方と集め方**

● **酸素のつくり方と集め方**

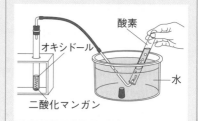

・**集め方** 水にとけにくいので，水と置きかえて集めることができる。

▶**気体の性質**

	二酸化炭素	酸素	水素	窒素
色	無色	無色	無色	無色
におい	無臭	無臭	無臭	無臭
空気と比べた密度	大きい	少し大きい	非常に小さい（物質のなかでいちばん小さい）	わずかに小さい
水へのとけ方	少しとける	とけにくい	とけにくい	とけにくい
その他の性質	石灰水を白くにごらせる。水溶液は酸性。	物質を燃やすはたらきがある。（酸素は燃えない）	火をつけると空気中で音を出して燃え，水ができる。	空気中に体積の割合で約$\frac{4}{5}$ふくまれる。

●**水素のつくり方と集め方**

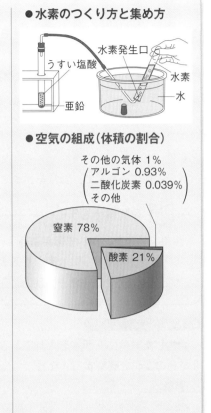

●**空気の組成（体積の割合）**

その他の気体 1%
（アルゴン 0.93%
二酸化炭素 0.039%
その他）

窒素 78%
酸素 21%

 教科書 p.95

実験 4
二酸化炭素と酸素の性質

◎ **実験のアドバイス**

気体を集めるとき，はじめに出てくる気体は，試験管の中にあった空気が多くふくまれているので最初に集めた試験管1本分の気体は捨てる。

◎ **結果の見方**

●それぞれの気体にはどのような性質があり，どのようなちがいが見られたか。

	A 石灰石＋うすい塩酸	B 二酸化マンガン＋オキシドール
におい	無臭	無臭
火のついた線香を入れたときのようす	火が消えた	線香が激しく燃えた
石灰水を入れて，ふったときのようす	白くにごった	変化なし
水でぬらしたリトマス紙を気体にふれさせたときのようす	青色→変化なし赤色→変化なし	青色→変化なし赤色→変化なし
BTB溶液（緑色）を加えたときの色	黄色	緑色

考察のポイント

●A，Bの気体は，何であると考えられるか。

　Aは石灰水を白くにごらせ，火のついた線香が消えたので，二酸化炭素であると考えられる。また，Bは火のついた線香が激しく燃えたので，酸素であると考えられる。

解説

　二酸化炭素の性質…無臭で，物質を燃やすはたらきがない。水に少しとけ，水溶液(すいようえき)(炭酸水)は酸性を示す。(この実験では青色のリトマス紙を赤色に変えるほど酸性は強くなかったが，BTB溶液を加えると黄色になることから酸性であることがわかった。)

　酸素の性質…無臭で，物質を燃やすはたらきがある。水にとけにくい。

> 教科書 p.96
>
> **活用　学びをいかして考えよう**
> ベーキングパウダーに食酢(しょくす)を加えると，酸素か二酸化炭素のどちらかの気体が発生する。この気体の正体を確かめる方法を説明しよう。

解答(例)

　発生した気体に石灰水を入れてふる，発生した気体の中に火のついた線香を入れる，BTB溶液を加えて色の変化を観察する，など。

解説

　ベーキングパウダーの主成分の炭酸水素ナトリウムと食酢(酢酸(さくさん))を混ぜると反応して，二酸化炭素が発生する。

第2節　気体の性質と集め方

要点のまとめ

▶アンモニアの発生方法と集め方

・**発生方法**　塩化アンモニウムと水酸化カルシウムを混ぜ合わせたものを熱する。アンモニア水を熱する。

・**集め方**　空気より密度が小さいので，空気と置きかえて集めることができる。

▶アンモニアの性質

・色は無色で，特有の刺激臭(しげきしゅう)がある。

・空気よりも密度が小さい。

・水に非常によくとけ，水溶液はアルカリ性を示す。

●アンモニアの発生方法

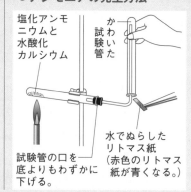

塩化アンモニウムと水酸化カルシウム／かわいた試験管／水でぬらしたリトマス紙(赤色のリトマス紙が青くなる。)／試験管の口を底よりもわずかに下げる。

▶**アンモニアの噴水**　アンモニアが水にとけやすい性質を利用している。アンモニアを入れたフラスコ内にスポイトの水を入れると，アンモニアが水にとけて，フラスコ内の圧力が下がり，フェノールフタレイン溶液を加えた水を吸い上げて，噴水ができる。噴水が赤くなるのは，アンモニアが水にとけるとアルカリ性を示すからである。

▶**気体の性質と集め方**

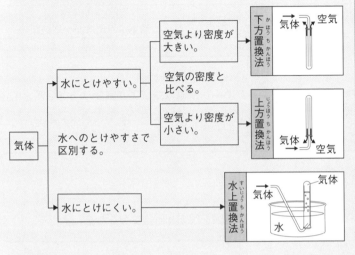

● **アンモニアの噴水**

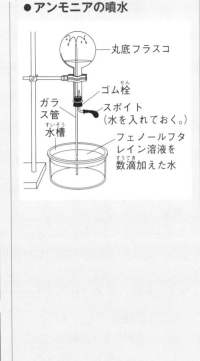

- 丸底フラスコ
- ゴム栓
- スポイト（水を入れておく。）
- ガラス管
- 水槽
- フェノールフタレイン溶液を数滴加えた水

単元
2
身のまわりの物質

 教科書 p.98

調べよう

アンモニアを発生させて，性質を調べよう。

①アンモニア水を加熱し，アンモニアを発生させて気体を集める。

②集めた気体の色，におい，水へのとけやすさ（気体を集めた試験管のゴム栓を水中でとる）を調べる。

◎ **実験のアドバイス**

・気体が集まったことを確認するため，水にぬらした赤色のリトマス紙を試験管の口に近づける。

・アンモニアは刺激臭がする。実験であつかう気体は直接かがないようにする。

◎ **解説**

　アンモニアは無色で，刺激臭がある。気体を発生させたとき，水にぬらした赤色のリトマス紙を試験管の口に近づけると青色になることで，水溶液はアルカリ性であることがわかる。また，アンモニアを集めてゴム栓をした試験管を水中に入れゴム栓をはずすと，アンモニアの泡が途中で消える。これは，アンモニアが水にとけたからであり，このことから，アンモニアは水に非常にとけやすいことが確認できる。

 教科書 p.100

活用　学びをいかして考えよう

教科書98ページの表1について，それぞれの気体の集め方を考えよう。

● 解答（例）

気体	水へのとけ方	空気を1とした ときの密度の比	集め方	理由
酸素	とけにくい。	1.11	水上置換法	水にとけにくいため。
二酸化炭素	少しとける。	1.53	下方置換法 水上置換法	空気より密度が大きいため。 水に少ししかとけないため。
窒素	とけにくい。	0.97	水上置換法	水にとけにくいため。
水素	とけにくい。	0.07	水上置換法	水にとけにくいため。
アンモニア	非常にとけやすい。	0.60	上方置換法	水にとけやすく， 空気より密度が小さいため。
空気	―	1.00	―	―

◎ 解説

　まず，水へのとけやすさを考え，次に密度で区別するとよい。水素は空気より密度は小さいが，酸素が混ざって火がふれると爆発が起きる危険があるので，上方置換法ではなく，水上置換法で集める。

 教科書 p.100 ●

どこでも科学

アンモニアの噴水実験

フェノールフタレイン溶液の代わりに，BTB溶液で同じ実験を行うと何色になるかな。

● 解答（例）

緑色のBTB溶液がアルカリ性を示す青色に変化するため，青色の噴水ができる。

◎ 解説

　BTB溶液は，調べたいものが酸性，中性，アルカリ性のいずれであるかを調べる溶液である。酸性で黄色，中性で緑色，アルカリ性で青色を示す。アンモニアは水にとけるとアルカリ性を示す。

 教科書 p.102　　　章末　学んだことをチェックしよう

❶ 身のまわりの気体の性質

　次の気体が発生したことを確かめる方法を答えなさい。

　ア．酸素　　　　イ．二酸化炭素　　　　ウ．水素

● 解答（例）

ア．火のついた線香を入れる。（線香が激しく燃える。）

イ．石灰水に通す。（白くにごる。）

ウ．火のついたマッチを近づける。（音を出して水素が燃える。）

◎ 解説

　酸素は物質を燃やすはたらきがあるので，火のついた線香を入れると，線香は激しく燃える。二酸化炭素は石灰水に通すと，石灰水が白くにごる。また，物質を燃やすはたらきはないため，火のついた線香を入れると火が消える。水素はマッチの火を近づけると，音を出して燃え，水ができる。

❷ 気体の性質と集め方
1. 水にとけにくい気体は，（　　　）という方法で集める。
2. 水にとけやすく，空気より密度が大きい気体は，（　　　）という方法で集める。
3. 水にとけやすく，空気より密度が小さい気体は，（　　　）という方法で集める。

● 解答（例）
1. 水上置換法　　2. 下方置換法　　3. 上方置換法

身のまわりの物質

 教科書 p.102　　　章末　学んだことをつなげよう

二酸化炭素，酸素，水素，アンモニアのいずれかが入っている4つの集気びんA〜Dがある。これらの気体はどのようにして集めただろうか。また，集気びんA〜Dに入っている気体の種類を調べるには，どのようにしたらよいか考えよう。

● 解答（例）
気体の集め方：二酸化炭素…水上置換法または下方置換法，酸素…水上置換法，水素…水上置換法，
　　　　　　　アンモニア…上方置換法
気体の見分け方：①においをかぐ。（アンモニアは刺激臭がある。）
　　　　　　　②石灰水を入れてふる。（二酸化炭素は白くにごる。）
　　　　　　　③火のついたマッチを近づける。（水素は気体自体が燃える。）
　　　　　　　残りは酸素である。

○ 解説
　気体の性質の調べ方には，手であおいでにおいをかぐ（においのある気体かどうかがわかる），火のついた線香を入れる（物質を燃やすはたらきがある酸素を見分けられる），火のついたマッチを近づける（燃える気体である水素が見分けられる），石灰水を入れてふる（二酸化炭素が見分けられる），水でぬらしたリトマス紙を気体にふれさせたりBTB溶液を加えたりする（酸性かアルカリ性かがわかる）などがある。

 教科書 p.102

Before & After
教科書93ページの写真のシャボン玉がうかんだままなのはなぜだろうか。

● 解答（例）
　容器の中のドライアイスが二酸化炭素に姿を変えている。二酸化炭素は空気より密度が大きいので容器の下方にたまり，二酸化炭素より密度の小さいシャボン玉がその上にうかんだ状態になる。

○ 解説
　ドライアイスは，二酸化炭素の固体であり，とけると気体に姿を変える。二酸化炭素は空気（シャボン玉をふくらませた人の息もほぼ空気と同じである）よりも密度が大きい気体であるため，密度とうきしずみの関係から，密度の大きい二酸化炭素の上に，密度の小さいシャボン玉がうかんでいる。

定期テスト対策 第2章 気体の性質

解答 p.186

/100

1 次の問いに答えなさい。

①二酸化マンガンにオキシドールを加えると発生する気体は何か。

②石灰石にうすい塩酸を加えると発生する気体は何か。

③亜鉛にうすい塩酸を加えると発生する気体は何か。

④塩化アンモニウムと水酸化カルシウムを混ぜたものを熱すると発生する気体は何か。

⑤水にとけやすく空気より密度が大きい気体を集める方法を何というか。

⑥水にとけやすく空気より密度が小さい気体を集める方法を何というか。

⑦水にとけにくい気体を水と置きかえて集める方法を何というか。

⑧アンモニアを発生させたとき，何という方法で集めるのがよいと考えられるか。

1	計48点
①	6点
②	6点
③	6点
④	6点
⑤	6点
⑥	6点
⑦	6点
⑧	6点

2 表のA～Cは酸素，水素，二酸化炭素のいずれかの気体である。次の問いに答えなさい。

	A	B	C
色	無色	（ ㋐ ）	無色
におい	（ ㋑ ）	無臭	無臭
空気と比べた密度	非常に小さい	少し大きい	大きい
水へのとけやすさ	とけにくい	とけにくい	少しとける
その他の性質	空気中で燃えると水ができる。	物質を燃やすはたらきがある。	石灰水を白くにごらせる。水溶液は（ ㋒ ）性。

①表の㋐～㋒に当てはまる言葉を書きなさい。

②気体のにおいをかぐときはどのようにしてかぐか。

③A～Cを発生させる方法を，次のア～ウから1つずつ選び，記号で答えなさい。

　ア　貝がらにうすい塩酸を加える。

　イ　鉄にうすい塩酸を加える。

　ウ　二酸化マンガンにオキシドールを加える。

④Cを集める方法を2つ答えなさい。

2	計52点
①㋐	6点
㋑	6点
㋒	6点
②	6点
③A	6点
B	6点
C	6点
④	5点
	5点

第3章 水溶液の性質

これまでに学んだこと

▶**物を水にとかす前ととかした後の重さのちがい**（小5） 食塩水の重さは，とかす前の食塩と水を合わせた重さと変わらない。

▶**物のとけ方**（小5）
・同じ温度でも，水の量が変わるととける量が変わる。
・食塩のように，温度が上がってもとける量があまり変わらない物や，ミョウバンのように温度が上がるととける量がふえる物がある。

▶**蒸発**（小5） 食塩水から水を蒸発させると，水にとけていた食塩をとり出すことができる。

●物のとけ方

水 （50 mL） の温度	20℃	40℃
とけた食塩の量	すり切り6はい	すり切り6はい
とけたミョウバンの量	すり切り2はい	すり切り4はい

第1節 物質が水にとけるようす

要点のまとめ

▶**物質が水にとけるようす** 物質が水にとけると顕微鏡でも見えないほど小さな粒子になり，その粒子の間に水が均一に入りこんで粒子はばらばらになり，全体に均一になる。そのため，物質が水にとけると，次のような状態になる。
①液が**透明**になる。
②液のこさはどの部分も同じになる。
③時間がたっても液のこさはどの部分も変わらない。

▶**ろ過** ろ紙を使って，液体と固体にわけること。
・**水にとけた物質**…ろ紙のあなを通りぬけ，ろ過した透明な液にふくまれる。
・**水にとけない物質**…ろ紙のあなを通りぬけず，ろ紙に固体として残る。ろ過した透明な液にはふくまれない。

▶**水溶液** とけている物質を**溶質**，溶質をとかす液体を**溶媒**，溶質が溶媒にとけた液全体を**溶液**という。溶媒が水である溶液を**水溶液**という。

●物質が水にとけるようす
（砂糖が水にとけるようすを表したモデル）

砂糖　水

▶**純粋な物質（純物質）** 1種類の物質でできている物。

（例）水，ブドウ糖，酸素，二酸化炭素など

▶**混合物** いくつかの物質が混じり合った物。

（例）砂糖水，空気，炭酸飲料など

▶**濃度** 溶液のこさのこと。

▶**質量パーセント濃度** 溶質の質量が溶液全体の質量の何％にあたるかを表したもの。

質量パーセント濃度〔%〕

$$= \frac{溶質の質量〔g〕}{溶液の質量〔g〕} \times 100$$

$$= \frac{溶質の質量〔g〕}{溶質の質量〔g〕+溶媒の質量〔g〕} \times 100$$

● **ろ過のしかた**

液は，ガラス棒を伝わらせて入れ，ろ紙の8分目以上入れないようにする。

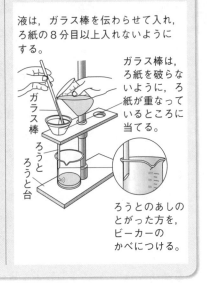

ガラス棒は，ろ紙を破らないように，ろ紙が重なっているところに当てる。

ろうとのあしのとがった方を，ビーカーのかべにつける。

📖 **教科書 p.105**

分析解釈 考察しよう

コーヒーシュガーとデンプンを水に入れたときのようすから，次の①～④について，考察し，話し合おう。

①それぞれの物質を水に入れたようすのちがいからわかることは何か。

②それぞれの物質を水に入れる前後の質量からわかることは何か。

③それぞれをろ過した結果からわかることは何か。

④それぞれを一晩置いた液のようすからわかることは何か。

● **解答（例）**

①水にとける物質ととけない物質があることがわかる。

②どちらも水に入れる前後で全体の質量は変わらず，コーヒーシュガーのように物質が水にとけても，なくなっていないことがわかる。

③水にとけたコーヒーシュガーはろ紙のあなを通りぬけたが，水にとけなかったデンプンはろ紙のあなを通りぬけなかったことがわかる。

④コーヒーシュガーを入れた液はどの部分のこさも変わらず，デンプンを入れた液はデンプンが底にしずんでいたことから，コーヒーシュガーは全部水にとけていたが，デンプンはとけていなかったことがわかる。

● **解説**

①コーヒーシュガーは水に入れると全体が茶色の透明な液体になったが，デンプンは水に入れると白くにごった。物質が水にとけると**液が透明になる**。

②とける物質もとけない物質も，とかす前後での全体の質量は変わらない。つまり，水にとけた物質は目に見えないだけで，水の中に存在している。

③コーヒーシュガーはろ紙には残らず，デンプンはろ紙に残った。また，ろ過後の液から水を蒸発させ

ると，コーヒーシュガーだけが出てきた。ろ紙にはあながあり，ろ紙のあなより小さな物質だけがそのあなを通りぬけることができる。通りぬけた物質はろ過した液の中に存在しており，ろ紙のあなより大きな物質はろ紙に固体として残る。

④物質が水にとけると，**液のこさはどの部分も同じになり，時間がたっても，液のこさが均一な状態は変わらない**ので，下の方だけこくなることはない。

 教科書 p.107

モデルで説明しよう

物質が水にとけるようすは，目で見ることができないので，モデルで表すとわかりやすくなる。教科書107ページの図2の砂糖が水にとけるようすをモデルで表して説明しよう。

解答（例）

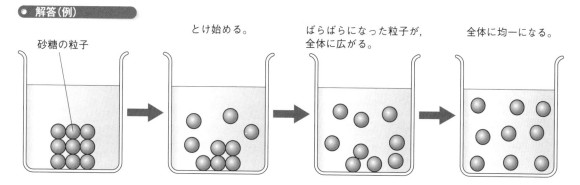

砂糖の粒子　　とけ始める。　　ばらばらになった粒子が，全体に広がる。　　全体に均一になる。

解説

物質が水にとけると顕微鏡でも見ることができない小さな粒子になり，その粒子の間に水が均一に入りこんでいくので，物質の粒子はだんだんばらばらになっていく。やがて物質の小さな粒子は，**水の中全体に均一**に広がる。このため，物質が水にとけると，液は透明になり，どの部分もこさは同じになる。時間がたってもこの状態は変わらない。

 教科書 p.108

活用　学びをいかして考えよう

デンプンと食塩が混ざってしまった。ここからデンプンと食塩をそれぞれとり出すにはどうすればよいか。食塩とデンプンの性質を考えて，とり出す手順と，手順の理由を説明しよう。

解答（例）

水に入れてかき混ぜ，ろ過してろ紙上の物質をとり出す。さらに，ろ過した液を加熱して，水を蒸発させる。

理由…デンプンは水にとけないのでろ紙上に残り，食塩は水にとけるのでろ過した液は食塩水になる。食塩水から食塩をとり出すには水を蒸発させる。

解説

食塩は水にとける物質，デンプンは水にとけない物質であることから考える。2つを水にとかしてろ過すると，ろ過した液には水にとける食塩だけがふくまれる。

教科書 p.108

説明しよう

炭酸飲料は水に何がとけているのだろうか。

● 解答（例）

二酸化炭素，ブドウ糖，など。

◎ 解説

　炭酸飲料のふたを開けると出てくる気体は，二酸化炭素である。二酸化炭素は高い圧力をかけると，水に多くとかすことができる。炭酸飲料は，いくつかの物質が混じった混合物である。

 教科書 p.109

練習

①水68gに食塩12gをとかした食塩水Aの質量パーセント濃度は，何%か。

②食塩水Aと同じ質量パーセント濃度の食塩水100gをつくるには，食塩と水は何gずつ必要か。

● 解答（例）

①15%　　②食塩…15g，水…85g

◎ 解説

① $\dfrac{12\,g}{12\,g+68\,g} \times 100 = 15$　　よって，15%

②とかす食塩の質量をxとすると，15%のときの質量パーセント濃度を求める式は，

$$\dfrac{x}{100\,g} \times 100 = 15 \qquad x = 15\,g$$

食塩水100gのうち，とけている食塩が15gだから，水の質量は，100g−15g＝85g

 教科書 p.109

確認

①水50gに砂糖6gをとかした砂糖水の質量パーセント濃度は，何%か。

　（小数第1位を四捨五入し，整数で答えなさい。）

②質量パーセント濃度が15%の砂糖水200gをつくるには，砂糖と水は何gずつ必要か。

● 解答（例）

①11%　　②砂糖…30g，水…170g

◎ 解説

① $\dfrac{6\,g}{6\,g+50\,g} \times 100 = 10.7\cdots \fallingdotseq 11$　　よって，11%

②とかす砂糖の質量をxとすると，15%のときの質量パーセント濃度を求める式は，

$$\dfrac{x}{200\,g} \times 100 = 15 \qquad x = 15 \div 100 \times 200\,g = 30\,g$$

砂糖水200gのうち，とけている砂糖が30gだから，水の質量は，200g−30g＝170g

第2節 溶解度と再結晶

要点のまとめ

▶**結晶** いくつかの平面で囲まれた，規則正しい形をした固体。

▶**飽和水溶液** 一定量の水に物質をとかしていき，物質がそれ以上とけることのできなくなった水溶液。

▶**溶解度** ある物質を100gの水にとかして飽和水溶液にしたときの，とけた物質の質量。物質によって異なり，水の温度によって変化する。

▶**溶解度曲線** 水の温度に対する溶解度をグラフに表したもの。

▶**再結晶** 固体の物質をいったん水にとかし，**溶解度の差を利用して**，再び結晶としてとり出すこと。不純物をふくむ物質から，結晶となった純粋な物質を得ることができる。

●溶解度曲線

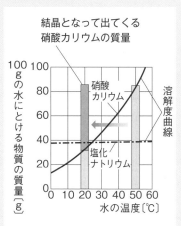

📖 教科書 p.111〜p.112

実験5

水にとけた物質をとり出す

 結果の見方

●**物質の種類や温度によって，実験の結果にどのようなちがいがあったか。**

①物質をとかす

　食塩も硝酸カリウムも一部がとけ，半分くらいがとけずに残る。

②熱してとかす

　硝酸カリウムは全部とけたが，食塩は変化がなく，とけ残りがある。

③冷やす

　硝酸カリウムは結晶がたくさん出てきたが，食塩はほとんど変化が見られない。

④蒸発させて観察する

　硝酸カリウムも食塩も，特有の形の結晶が見られた。

・結晶の形

　硝酸カリウム…細長い柱状（針状）

　食塩…立方体

●**③でA，Bの試験管の中のようすはどうなったか。**

　硝酸カリウムが入った試験管では，結晶が現れた。一方，食塩が入った試験管では，変化がほとんどなかった。

●④で観察した物をスケッチしよう。

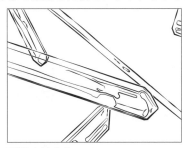
硝酸カリウム

食塩(塩化ナトリウム)

 考察のポイント

●まずは自分で考察しよう。わからなければ，教科書112ページ「考察しよう」を見よう。

なぜ，AとBの試験管にちがいが生じたか考えよう。

　一定の量の水にとける物質の量は，水の温度や物質によって異なる。食塩がとける量は温度を変えてもほとんど変わらないが，硝酸カリウムがとける量は，温度によって大きく変化する(教科書113ページの表2，図2を参照)。とける量が温度によって大きく変化する硝酸カリウムは，液の温度を下げると，多くの結晶が出てくる。

📖 教科書 p.115

練習

硝酸カリウムを80℃の水100gにとかして，硝酸カリウムの飽和水溶液をつくった。この飽和水溶液を40℃まで冷やすと，何gの硝酸カリウムが結晶として出てくるか。教科書113ページの表2を参考にして答えなさい。

● 解答(例)

104.9g

 解説

　教科書113ページの表2より，硝酸カリウムは，80℃の水100gに168.8gとけ，40℃の水100gには63.9gしかとけないことがわかる。出てくる結晶の質量は，168.8g－63.9g＝104.9g

📖 教科書 p.115

確認

教科書113ページの表2を参考にして，次の問いに答えなさい。

①80℃の水200gに硝酸カリウムを350gとかそうとした。とけきれないで残る硝酸カリウムは何gか。

②60℃の水100gに硝酸カリウムを100gとかそうとしたところ，全てとけた。この水溶液を40℃まで冷やすと何gの硝酸カリウムが結晶として出てくるか。

● 解答(例)

①**12.4g**

②**36.1g**

○ 解説

①教科書113ページの表2より，80℃の水100gに硝酸カリウムは168.8gとけるので，80℃の水200gに
とける質量は，168.8g×(200g÷100g)＝337.6g

とけ残る質量は，350g−337.6g＝12.4g

②教科書113ページの表2より，40℃の水100gに硝酸カリウムは63.9gしかとけないので，出てくる結
晶の質量は，100g−63.9g＝36.1g

 教科書 p.116

活用　学びをいかして考えよう

多量の硝酸カリウムに少量の砂糖が混ざってしまった。どうすれば硝酸カリウムだけをとり出す
ことができるだろうか。それぞれの物質の性質を考えて，とり出す手順と，手順の理由を説明し
よう。

● 解答（例）

水に入れ，熱して全てとかし，冷やしてろ過する。

**理由…硝酸カリウムは温度によって溶解度が大きく変化するので，高い温度の水にとかしてから冷や
すと，硝酸カリウムの結晶が出てくる。一方，砂糖は低い温度でも溶解度が大きいので，少量
とかして冷やしても砂糖の結晶は出てこない。**

○ 解説

教科書113ページの図2の溶解度曲線を見ると，ショ糖（砂糖）は，0℃でも100gの水に約180gとける
ことがわかるので，少量とかした場合は，温度を下げても全てとけたままで結晶は出てこない。一方，硝
酸カリウムは温度による溶解度の変化が大きいので，多くの量をとかして温度を下げると，とけきれな
い分が結晶として出てくる。なお，熱しても全てとけない場合は，水をふやして再び熱してみるとよい。

 教科書 p.116　**章末　学んだことをチェックしよう**

❶ **物質が水にとけるようす**

1. 物質が水にとけると，液が（　　）になり，液のこさはどの部分も（　　）で，時間がたっても液
のこさはどの部分も（　　）。

2. 物質が液体にとけているとき，とけている物質を（　　）といい，物質をとかす液体を（　　）と
いう。また，とかす液体が水である溶液を（　　）という。

3. 水など1種類の物質でできている物を（　　）といい，炭酸飲料のようにいくつかの物質が混じ
り合った物を（　　）という。

4. 質量パーセント濃度〔%〕＝ $\dfrac{(\quad)}{(\quad)}$ ×100

$$= \dfrac{(\quad)}{(\quad)+(\quad)} \times 100$$

● 解答（例）
1. 透明，同じ，変わらない
2. 溶質，溶媒，水溶液
3. 純粋な物質（純物質），混合物

4. $\dfrac{溶質の質量〔g〕}{溶液の質量〔g〕}$，$\dfrac{溶質の質量〔g〕}{溶質（溶媒）の質量〔g〕＋溶媒（溶質）の質量〔g〕}$

○ 解説

1. 物質が水にとけると小さな粒子はばらばらになり，全体に均一になるため，液は透明で，こさはどの部分も同じになり，時間がたってもこさはどの部分も変わらない。

2. とけている物質を溶質，水のように溶質をとかす物質を溶媒，溶質が溶媒にとけた液全体を溶液という。また，溶媒が水である溶液を水溶液という。

3. 食塩水などの水溶液は混合物であり，溶質の食塩（塩化ナトリウム）や溶媒の水は純粋な物質（純物質）である。

4. 溶質の質量が溶液全体の質量の何％にあたるかを表したものが質量パーセント濃度である。

❷ 溶解度と再結晶
1. ある物質を100gの水にとかして飽和水溶液にしたときの，とけた物質の質量を（　　）という。
2. 温度による1の差を利用して，再び結晶としてとり出すことを（　　）という。

● 解答（例）
1. 溶解度
2. 再結晶

○ 解説

　物質によって溶解度は決まっていて，水の温度によって変化する。水にとけている溶質は，水を蒸発させる以外に，温度による溶解度の差を利用した再結晶によってとり出すことができる。温度による溶解度の変化が大きい物質ほど，この方法で多くの結晶をとり出すことができる。

 教科書 p.116 ┃ 章末　学んだことをつなげよう

　物質Aの溶解度は80℃のとき170g，60℃のとき110g，10℃のとき20gである。この物質Aが次の1.〜3.の状態のとき，それぞれを粒子のモデルを用いて図に表してみよう（粒子のモデル1つを10gとし，結晶は粒子のモデルをくっつけて表す）。
1. 80℃の水100gに170gの物質Aがとけている状態。
2. 1の水溶液を60℃に冷やした状態。またこのとき結晶は何g出てくるか。
3. 2の水溶液を10℃まで冷やした状態。またこのとき結晶はさらに何g出てくるか。

● 解答（例）

1.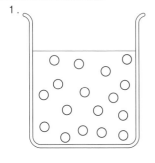

2.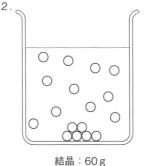
結晶：60g

3.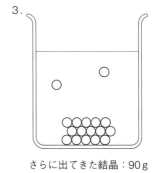
さらに出てきた結晶：90g

○ 解説

1. 粒子のモデルが1つ10gで，物質170gがとけた状態なので，17個の粒子が水溶液中に均一に存在するように表す。

2. 60℃の水には110gしかとけないので，結晶として出てくる質量は，170g−110g＝60gである。
6個の粒子が結晶として出てくるので，○を6個くっつけて表す。

3. 10℃の水には20gしかとけないので，60℃のときから，さらに結晶として出てくる質量は，110g−20g＝90gである。さらに9個の粒子の結晶が加わり，合計15個の粒子が結晶として出てきたことになるので，○をくっつけて表す。

📖 教科書 p.116

Before & After

教科書103ページのビーカーの中のミョウバンがとけずに大きくなったのは，なぜだろうか。

● 解答（例）

ビーカーの中にあるミョウバンの水溶液は，飽和水溶液となっているので，これ以上ミョウバンはとけない。放置している間に水が蒸発して，蒸発した分の水にとけていたミョウバンがさらに固体となって出てきてミョウバンの結晶を大きくしていったと考えられる。

○ 解説

物質のとける最大量は水の量によって変化するため，水を蒸発させると再び結晶をとり出すことができる。水は放置すると，表面から自然と蒸発するため，とけきれなくなったミョウバンが結晶となって出てきたと考えられる。また，ミョウバンは温度による溶解度の変化が大きい物質のため，飽和水溶液をつくったときの水温から，時間の経過によって温度が下がった場合も，とけきれなくなったミョウバンの結晶が出てくると考えられる。

定着ドリル

第3章 水溶液の性質

次の問いに答えなさい。④〜⑥は，下の表を参考にしなさい。

①水100gに食塩25gをとかした食塩水の質量パーセント濃度は，何%か。

②水80gに砂糖5gをとかした砂糖水の質量パーセント濃度は，何%か。（小数第1位を四捨五入し，整数で答えなさい。）

③質量パーセント濃度が20%の食塩水を450gつくるには，食塩と水は何gずつ必要か。

④硝酸カリウムを80℃の水200gにとかして，硝酸カリウムの飽和水溶液をつくった。この飽和水溶液を60℃まで冷やすと，何gの硝酸カリウムが結晶として出てくるか。

⑤20℃の水50gに硝酸カリウム20gとかそうとした。とけきれないで残る硝酸カリウムは何gか。

⑥80℃の水100gに硝酸カリウムを150gとかそうとしたところ，全てとけた。この水溶液を10℃まで冷やすと何gの硝酸カリウムが結晶として出てくるか。

水の温度〔℃〕	硝酸カリウムの溶解度〔g／水100g〕
0	13.3
10	22.0
20	31.6
40	63.9
60	109.2
80	168.8
100	244.8

①	
②	
③食塩	
水	
④	
⑤	
⑥	

定期テスト対策

第**3**章 水溶液の性質

解答 p.186

/100

1 次の問いに答えなさい。

①水のように，1種類の物質でできている物質を何というか。

②炭酸飲料のように，いくつかの物質が混じり合った物を何というか。

③いくつかの平面で囲まれた規則正しい形をした固体を何というか。

④物質がそれ以上とけることができない水溶液を何というか。

1	計32点
①	8点
②	8点
③	8点
④	8点

2 水200gに食塩40gをとかした食塩水をつくった。次の問いに答えなさい。

①この食塩水の溶質，溶媒は何か。

②この食塩水の質量パーセント濃度は何%か。小数第1位を四捨五入して整数で答えなさい。

③この食塩水にさらに40gの食塩を加えとけ残った液を図のような装置でろ過したが，この図は適切でないところが1つある。どのようにすればよいか，説明しなさい。

2	計40点
①溶質	8点
溶媒	8点
②	12点
③	12点

3 下のグラフは，物質の溶解度と水の温度との関係を表したものである。次の問いに答えなさい。

①硝酸カリウムを50℃の水100gに40gとかすと，全てとけた。この水溶液をゆっくり冷やしていき結晶が出始めるのは何℃か。最も適当なものを，次の**ア**～**エ**から選び，記号で答えなさい。

ア 5℃ **イ** 15℃ **ウ** 25℃ **エ** 35℃

②①のように，いったん水にとかした物質を，再び結晶としてとり出すことを何というか。

③50℃の塩化ナトリウムの飽和水溶液をゆっくり冷やしても，結晶をとり出すことはできなかった。その理由を「溶解度」と「温度」という言葉を用いて説明しなさい。

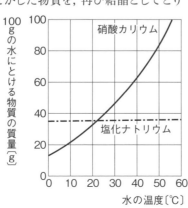

3	計28点
①	8点
②	8点
③	12点

第4章 物質の姿と状態変化

これまでに学んだこと

▶**水の姿**(小4)　水は温度によって，**固体(氷)，液体(水)，気体(水蒸気)**に姿を変える。

　水を熱すると，水面からの蒸発が激しくなり，湯気が出てきたり，中から泡が出てきたりして，100℃近くで**沸騰**する。沸騰している間は，100℃のままである。このとき見える湯気は，小さな水の粒(液体)で，中から出る泡は水蒸気(気体)である。

　水を冷やすと，0℃でこおり始め，全て氷になるまで0℃のままである。その後も冷やすと0℃よりも温度は下がる。水は氷になると体積が大きくなる。

▶**温度を変えたときの水の体積**(小4)　水はあたためられると体積が大きくなり，冷やされると体積が小さくなる。

水のほかに空気や金属の体積も調べたことを覚えているかな？　温度による体積の変わり方を大きい順に並べると，空気，水，金属の順だったね。

第1節 物質の状態変化

要点のまとめ

▶**状態変化**　固体⇄液体⇄気体のように，温度によって物質の状態が変わること。物質によっては，直接，固体から気体に，あるいは，気体から固体に変化する物もある。

●**状態変化**

 教科書 p.118

説明しよう

水以外の物質で姿を変えるようすについて，例をあげて説明しよう。

●**解答(例)**

・姿を変えるようす

　固体→液体　砂糖を熱すると，とけて液体になる。

　　　　　　　　ロウを熱すると，とけて液体になる。

液体→気体　消毒用アルコールを腕（うで）につけると，蒸発して気体になる。

　　　　　　香水をつけると，気体になってにおう。

固体→気体　衣類の防虫剤が気体になって，だんだん減っていく。

　　　　　　ドライアイス（固体の二酸化炭素）が気体に変わる。

○ 解説

　水以外の物質も，熱せられると固体→液体→気体と姿を変え，冷やされると気体→液体→固体と姿を変える。また，防虫剤のように固体→気体，あるいは，気体→固体と変化する物もある。

 教科書 p.119 ●

活用　学びをいかして考えよう

教科書119ページの図3の食塩，鉄，窒素，酸素の液体を室温で放置するとどうなるだろうか。

● 解答（例）

食塩…固体になる。　　　**鉄…固体になる。**

窒素…気体になる。　　　**酸素…気体になる。**

○ 解説

　食塩（塩化ナトリウム）は801℃，鉄は1535℃まで熱すると，固体から液体になる。そのため，室温では冷やされて固体になる。窒素は−196℃，酸素は−183℃まで冷やすと，気体から液体になる。そのため，室温ではあたためられて気体になる。

第2節　物質の状態変化と体積・質量の変化

要点のまとめ

▶**状態変化と粒子（りゅうし）のモデル**

・固体→液体→気体と状態変化するにつれて，**粒子の運動が激しくなり，粒子と粒子の間が広がって体積が大きくなる**が，**粒子の数そのものは変化しないので，質量は変化しない。**

・状態変化では，物質がなくなったり別の物質に変化したりすることはない。

▶**水の状態変化**

・液体→気体と状態変化するときは，ロウなどと同じく質量は変わらないが体積は大きくなる。

・液体→固体と状態変化するときは，ロウなどとちがい体積が大きくなり，密度（みつど）が小さくなる。このため，氷は水にうかぶ。

●**状態変化と粒子のモデル**

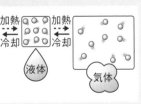

加熱→／←冷却　加熱→／←冷却
固体　液体　気体

教科書 p.121

実験6

ロウの状態変化と体積・質量の変化

◎ **結果の見方**

●固体のロウの体積や質量は，液体のときと比べてどのように変化したか。

・体積…ロウの中央がへこんだことから，減った。

・質量…液体のときも，固体のときも，変わらなかった。

◎ **考察のポイント**

●ロウの体積や質量の変化は，粒子のモデルでどのように説明できるか。

・体積の変化…液体のロウの粒子と粒子の間にはすき間があったが，固体のロウの粒子は小さく集まって並び，粒子と粒子の間のすき間は液体のときよりも小さくなったため，固体のときの体積は液体のときより減った。

・質量の変化…液体のロウの粒子の数と，固体のロウの粒子の数は変わらないため，液体と固体では質量は変わらない。

 教科書 p.122

分析解釈　モデルを使って考察しよう

次の①，②の状態変化が起こるとき，質量と体積のようすを粒子のモデルでかこう。

①固体のロウをあたためて液体になったときのロウの質量と体積のようす

②エタノールの入っているポリエチレンぶくろをあたためて，エタノールを液体から気体にしたときのエタノールの質量と体積のようす

● **解答（例）**

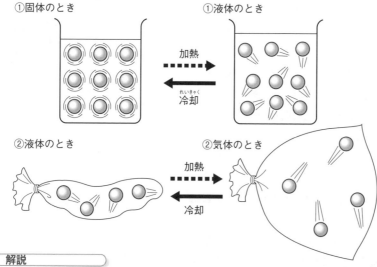

◎ **解説**

　状態変化の前後で**質量は変わらない**ので，モデルをかくとき，**状態変化の前後で粒子の数は等しくなる**ようにしないといけない。また，固体→液体→気体に変化するにつれて，粒子の運動が激しくなって，

粒子と粒子の間も固体→液体→気体の順に広くなり，体積が大きくなる。（水は例外で固体から液体へ変化すると体積が小さくなる。）

 教科書 p.125

活用　学びをいかして考えよう
液体のロウの中に固体のロウを入れると，固体のロウがうかずにしずんでしまった。その理由を「密度」という言葉を使って説明しよう。

● **解答（例）**

　同じ質量で比べたとき，固体のロウは液体のロウよりも体積が小さいため，密度が大きくなっているから。

○ **解説**

　密度は単位体積あたりの質量だから，密度を求める式である $\dfrac{物質の質量〔g〕}{物質の体積〔cm^3〕}$ の分母の体積が小さくなり，分子の質量が同じならば密度は大きくなる。

第3節 状態変化が起こるときの温度と蒸留

要点のまとめ

▶ **沸点**　液体が沸騰して，気体に変化するときの温度。
▶ **融点**　固体がとけて，液体に変化するときの温度。
▶ **純粋な物質の沸点や融点**　物質の種類によって決まっていて，物質の量には関係しない。物質を熱していくとき，**沸騰が始まって終わるまでは温度は一定で，液体と気体が混じった状態**である。また，**固体がとけ始めてとけ終わるまでは温度は一定で，固体と液体が混じった状態**である。
▶ **混合物の沸点や融点**　決まった温度にはならず，温度変化のしかたも，混合されている割合によって変わってくる。
▶ **蒸留**　液体を熱して沸騰させ，出てくる蒸気（気体）を冷やして再び液体としてとり出すこと。沸点のちがう液体の混合物は，蒸留を利用してそれぞれの物質に分けることができる。

● **水とエタノールの温度変化**

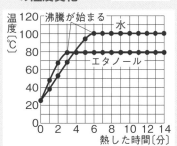

● **水とエタノールの混合物の温度変化**

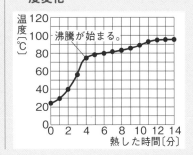

教科書 p.126〜p.127

調べよう

水と同じように，エタノールも沸騰している間は，熱し続けても温度は上がらないのだろうか。
実験データからグラフをかいて調べよう。

○ **実験のアドバイス**

沸騰石を入れるのは，液体が急に沸騰して外にとび出す（突沸）のを防ぐためである。エタノールの中
にも湯の中にも入れておく。

エタノールは燃えやすいので，炎で直接熱したり，火のそばに置いたりしないようにする。

グラフをかくときは，測定値を直線で結んだ折れ線グラフにしてはいけない。すべての測定値の近く
を通るように，なめらかな曲線や直線を引く。

● **結果（例）**

エタノールが沸騰する温度は，約80℃だった。

水と同じように，沸騰している間は，温度は変わらなかった（教科書128ページの図1参照）。

○ **考察**

ビーカーの水からエタノールに伝わった熱は，エタノールが
気体になるのに使われるため，その間，温度は上昇せず，一定
になる。このとき，エタノールは液体と気体が混じった状態で
ある。純粋な物質の沸点や融点は，物質の種類によって決まっ
ている。沸点や融点は，物質の量とは関係がない。

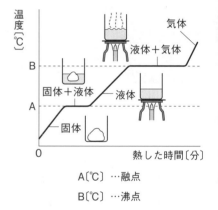

A〔℃〕…融点

B〔℃〕…沸点

 教科書 p.129〜p.130

実験7
混合物の分離

○ **実験のアドバイス**

沸騰石を入れるのは，液体が急に沸騰して外にとび出す（突沸）のを防ぐためである。

沸騰して出てきた蒸気（気体）の温度をはかるために，**温度計の球部が枝つきフラスコの枝の位置にく
るようにする。**

試験管を水の入ったビーカーに入れるのは，**出てきた気体を冷やして液体にするため**である。

試験管にたまった液が枝つきフラスコに逆流するのを防ぐため，**ガラス管の先がたまった液の中に入
らないように注意する。**

○ 結果の見方

●実験結果のグラフから，混合物には決まった沸点が存在するだろうか。

　混合物の沸点は，純粋な物質のように決まった温度にはならない。

●3本の試験管にたまった液体には，どのような性質のちがいがあったか。

　出てきた液体を試験管1，2，3の順番に集めた結果

試験管	気体の温度	液の状態	におい	火をつけたとき
1	79℃～83℃	無色透明	エタノールのにおい	燃えた
2	84℃～87℃	無色透明	エタノールのにおい	燃えた
3	88℃～92℃	無色透明	あまりにおわない	燃えなかった

グラフは教科書130ページの図2を参照。

○ 考察のポイント

●まずは自分で考察しよう。わからなければ，教科書130ページの「考察しよう」を見よう。

●3本の試験管に集めた液体には，それぞれ何が多くふくまれているか。実験結果と教科書128ページの表1から考えよう。また，この3本の試験管にたまった液体からわかることは何か。

・試験管1と試験管2の液体は，エタノールのにおいがして，火をつけると燃えたことから，エタノールが多くふくまれていると考えられる。また，試験管3の液体は，あまりにおわず，火をつけても燃えなかったことから，水が多くふくまれていると考えられる。

・教科書128ページの表1から，エタノールの沸点は78℃と，水の沸点の100℃より低いので，エタノールを多くふくんだ気体が先に出てきたと考えられる。

●作成したグラフからわかることは何か。教科書128ページの図1のグラフと比較しよう。

・教科書130ページの図2は，エタノールの沸点に近い約80℃で沸騰し始めると，ゆるやかに温度は上昇しており，教科書128ページの図1と異なり温度は一定になっていない。このことから，混合物は純粋な物質とはちがい，沸点が一定にならないといえる。

 教科書 p.131

活用　学びをいかして考えよう

調味料のみりんにはエタノールが入っている。しかし，みりんに火を近づけても火はつかない。どうすれば，みりんの中にエタノールが入っていることを確かめることができるだろうか。

○ 解答（例）

　教科書129ページの実験7の混合物をみりんに変えて，蒸留することでエタノールをとり出すことができる。透明で色がないことやにおい，火をつけると燃えることでエタノールであることが確認できる。

○ 解説

　みりんは醸造アルコール（エタノールのこと）や水，糖類などの混合物なので，蒸留で分離することができる。

教科書 p.133

章末　学んだことをチェックしよう

---

❶ 物質の状態変化

物質を加熱したり，冷却（れいきゃく）したりすると，液体が気体になったり，固体になったりする。このような変化を（　　）という。

● 解答（例）

状態変化（じょうたいへんか）

○ 解説

温度によって，物質の状態が変わることを物質の状態変化という。物質は，加熱すると，固体→液体→気体と変化し，冷却すると，気体→液体→固体と変化する。

---

❷ 物質の状態変化と体積・質量の変化

固体のロウを加熱して，液体のロウや，気体のロウに変化させるとき，ロウの質量や体積はどのように変化するか。

● 解答（例）

質量は変化しない。

体積は，固体から液体，液体から気体と変化すると粒子（りゅうし）と粒子の間が広がって大きくなる。

○ 解説

物質は，固体→液体→気体と変化すると，物質の粒子の運動が活発になり，その間が広がるので，体積も大きくなる。このとき，粒子の数は変わらないので質量は変化しない。

---

❸ 状態変化が起こるときの温度と蒸留

1. 液体の状態の物質がある温度になると，液体の内部からも，気体への状態変化が始まる。この現象と，このときの温度を何というか。
2. 1より低い温度でも起こる，液体から気体への状態変化は何というか。
3. 塩化ナトリウムを加熱したとき，801℃でとけ始めた。この温度を何というか。
4. 液体の混合物を，それぞれの物質に分ける方法に蒸留（じょうりゅう）がある。これは，物質によって何がちがうことを利用した方法か。

● 解答（例）

1. 状態変化：沸騰（ふっとう）　温度：沸点（ふってん）　2. 蒸発　3. 融点（ゆうてん）　4. 沸点

○ 解説

1. 2. 液体が気体に変化することを蒸発というが，これは沸点よりも低い温度でも液体の表面で起こっている。一方，表面だけでなく，液体の内部からも気体への状態変化が起こることを沸騰といい，このときの温度を沸点という。
3. 固体がとけて，液体に変化するときの温度を融点という。塩化ナトリウムの融点は801℃と高いため，常温では固体の状態を保っている。

4. 液体を熱して沸騰させ，出てくる蒸気(気体)を冷やして再び液体としてとり出すことを蒸留という。混合物のそれぞれの物質の沸点のちがいを利用し，出てくる気体を分離して冷やすと液体として純粋な物質をとり出すことができる。

 教科書 p.133

章末　学んだことをつなげよう

純粋な物質を，熱したり，冷やしたりすることによって，状態変化が起こったようすを，粒子のモデルでまとめてみよう。(キーワード：融点，沸点)

● 解答(例)

物質の温度	加熱→ ←冷却				
	低				高
	〜	融点	〜	沸点	〜
物質の状態	固体	固体＋液体	液体	液体＋気体	気体
粒子のモデル					

○ 解説

　物質の状態が融点より低いとき，物質は固体の状態で，粒子は小さな集まりになっている。融点から沸点の間の温度では，物質は液体の状態である。熱が加わり，粒子の運動は活発になり，粒子と粒子の間は固体のときより広がっている。沸点の温度より高くなると気体の状態になる。沸点になって沸騰し始めると，粒子の運動は激しさを増して，物質の粒子と粒子の間はさらに広がっている。

教科書 p.133

Before & After

物質の状態が変わるとき，どのようなことが起こっているだろうか。

● 解答(例)

　物質は温度によって，姿を変える(状態変化)。物質は加熱されて，固体→液体→気体と変化するにつれ，物質をつくっている粒子の運動が活発になる。そのため，粒子と粒子の間が広がって，体積が大きくなっていくが，粒子の数は変わらないので質量は変わらない。

○ 解説

　物質の粒子の数は変化しないので物質の質量は変わらないが，粒子の運動のようすによって粒子の集まり方が変わるため，物質の体積が変化する。

定期テスト対策　第4章｜物質の姿と状態変化

解答 p.186

/100

1 次の問いに答えなさい。

①固体⇔液体⇔気体と温度によって物質の状態が変わることを何というか。

②物質が①をするとき，質量はどのようになるか。

③水以外の物質は固体→液体→気体と変化すると体積はどのようになるか。

④液体が沸騰して気体に変化するときの温度を何というか。

⑤固体がとけて液体に変化するときの温度を何というか。

⑥液体の混合物を熱して沸騰させ，出てくる蒸気（気体）を冷やして再び液体としてとり出す方法を何というか。

1	計18点
①	3点
②	3点
③	3点
④	3点
⑤	3点
⑥	3点

2 図は物質の状態変化を表したものである。次の問いに答えなさい。

気体

加熱　冷却　加熱　冷却

⑦　加熱　⑦
冷却　⑦

①⑦，⑦に当てはまる状態を書きなさい。

②⑦から気体に変化したとき，質量はどのようになるか。

③⑦から気体に変化したとき，体積はどのようになるか。

④右の**ア〜ウ**は，それぞれ物質の気体，⑦，⑦の状態を粒子のモデルで表したものである。気体を表すモデルとして最も適当なものを選び，記号で答えなさい。

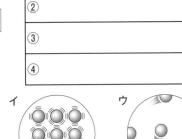

ア　　　イ　　　ウ

2	計15点
①⑦	3点
⑦	3点
②	3点
③	3点
④	3点

3 ビーカーに入った固体のロウを加熱して液体にした。その後，放置すると図のように固体になり，ビーカーの中央にくぼみができた。次の問いに答えなさい。

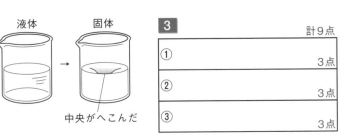

液体　　　固体
→
中央がへこんだ

①ロウが液体から固体に変化したとき，質量はどのようになるか。

②ロウが液体から固体に変化したとき，密度はどのようになるか。

③固体のロウは液体のロウにうくか，しずむか。

3	計9点
①	3点
②	3点
③	3点

4 氷をゆっくりと加熱した。
図は，熱した時間と温度の関
係を表したものである。次の
問いに答えなさい。

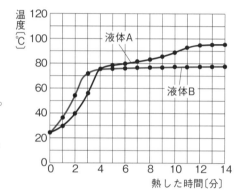

①A，Bの温度は何℃か。

②A，Bの温度を何というか。

③⑦～㋓の点は，それぞれど
のような状態か。次の**ア～オ**から1つずつ選び，記号で答え
なさい。

ア 氷のみ　　**イ** 水のみ　　**ウ** 水蒸気のみ

エ 氷と水　　**オ** 水と水蒸気

④氷から水へ状態変化すると，体積はどのようになるか。

5 図は液体A，Bを
それぞれ加熱した時
間と温度の変化を表
したものである。次
の問いに答えなさい。

①沸点が決まった温
度にならないのは，
液体Aと液体Bの
どちらか。

②液体A，Bは純粋な物質と混合物のどちらだと考えられるか。

③液体Bの量を2倍にして加熱すると沸点はどうなるか。

6 図のような装置で，水とエ
タノールの混合物を加熱した。
次の問いに答えなさい。

①加熱するとき，急に沸騰し
ないためにフラスコに入れ
るAは何か。

②試験管を水の入ったビーカ
ーに入れるのはなぜか。簡
単に説明しなさい。

③先に試験管に集まった液体
は水とエタノールのどちらを多くふくむか。

④③を確かめる方法を2つ書きなさい。

⑤水とエタノールの混合物を蒸留することで水とエタノールに
分離することができるのは，それぞれの物質の何がちがうか
らか。

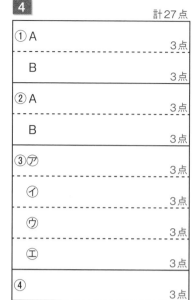

水とエタノールの
混合物

試験管

A

水

ビーカー

単元
2

身のまわりの物質

4
計27点

①A	3点
B	3点
②A	3点
B	3点
③⑦	3点
⑦	3点
⑨	3点
㋓	3点
④	3点

5
計12点

①	3点
②A	3点
B	3点
③	3点

6
計19点

①	3点
②	4点
③	3点
④	3点
	3点
⑤	3点

教科書 p.138

確かめと応用 ｜ 単元 **2** ｜ 身のまわりの物質

1 金属と非金属の区別

物質A〜Cについて，次の実験を行った。

①みがくと光るかどうかを調べた。

②電気を通すかどうかを調べた。

③磁石につくかどうかを調べた。

〔結果〕

	物質A	物質B	物質C
①	光った。	光った。	光らなかった。
②	通した。	通した。	通さなかった。
③	つかなかった。	ついた。	つかなかった。

❶物質A〜Cのうち，金属はどれとどれか。また，アルミニウムと考えられるのはどれか。

❷みがくと光る金属特有のかがやきを何というか。

❸金属以外の物質を，金属に対して何というか。

● 解答（例）

❶金属…AとB

　アルミニウム…A

❷金属光沢

❸非金属

○ 解説

❶❷金属には，みがくと光る（金属光沢をもつ），電気をよく通す，熱をよく伝える，引っ張ると細くのびる（延性），たたくとのびてうすく広がる（展性），などの共通の性質がある。これらの性質があるのは，物質Aと物質Bである。また，アルミニウムや銅は磁石につかないので，物質Aがアルミニウムである。磁石につくのは鉄などの一部の金属だけである。

❸物質は金属と，金属以外の物質である非金属に分けられる。ガラスやプラスチック，木，紙，ゴム，食塩などの物質は非金属である。

確かめと応用 　単元 **2** 　身のまわりの物質

2 金属どうしの区別

下の表は，金属A～Dの質量と体積の値である。

	金属A	金属B	金属C	金属D
質量〔g〕	55.1	21.6	89.6	32.4
体積〔cm³〕	5.0	8.0	10.0	12.0

❶金属Bの密度を求めなさい。

❷金属A～Dを同じ質量で比べたとき，体積が最も小さいものはどれか。

❸金属A～Dのうち，同じ物質はどれとどれか。

● **解答（例）**

❶ 2.7g/cm³

❷ A

❸ BとD

○ **解説**

❶表より，金属Bの質量は21.6 g，体積は8.0 cm³であるから，

$$物質の密度〔g/cm^3〕= \frac{物質の質量〔g〕}{物質の体積〔cm^3〕} = \frac{21.6\,g}{8.0\,cm^3} = 2.7 g/cm^3$$

❷❶と同様に，A，C，Dの密度も計算して求めてから比べる。なお，同じ質量のとき，密度が大きいほど体積は小さい。

Aの密度… $\frac{55.1\,g}{5.0\,cm^3} = 11.02\,g/cm^3$

Cの密度… $\frac{89.6\,g}{10.0\,cm^3} = 8.96 g/cm^3$

Dの密度… $\frac{32.4\,g}{12.0\,cm^3} = 2.7 g/cm^3$

❸あらゆる物質は固有の密度をもっている。よって，密度が同じ物質は同じ種類だと考えられる。密度が同じ物質はBとDである。

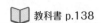 教科書 p.138

確かめと応用 単元 **2** 身のまわりの物質

3 白い粉末の区別

白砂糖，デンプン，食塩のいずれかである白い粉末A〜Cを区別するために，次の実験を行った。

①見た目や手ざわりを調べた。

②水に入れてふり混ぜたときのようすを調べた。

③弱火で熱したときのようすを調べた。

〔結果〕

	粉末A	粉末B	粉末C
①	さらさらした手ざわりだった。	粒の大きさがばらばらだった。	粒が立方体のような形だった。
②	白くにごった。	とけた。	とけた。
③	こげた。	とけて黄色から茶色になって，黒くこげた。	パチパチとはねるだけで変化しなかった。

❶白い粉末A〜Cはそれぞれ何か。

❷白砂糖を集気びんの中で燃やした。火が消えた後，集気びんの内側はどのようになるか。

❸白砂糖のような炭素をふくむ物質を何というか。

● 解答（例）

❶A…デンプン

　B…白砂糖

　C…食塩

❷集気びんの内側がくもる。

❸有機物

○ 解説

❶Aは水にとけず，白くにごったので，デンプンである。Bは水にとけて，熱するとこげたので，白砂糖である。Cは熱しても変化しなかったので有機物ではなく，結晶が立方体の食塩である。

❷❸白砂糖のような有機物が燃えると，二酸化炭素と水ができる。水滴によって集気びんの内側がくもる。

確かめと応用 | 単元 **2** | 身のまわりの物質

📖 教科書 p.138

4 身のまわりの気体の性質

次のそれぞれの操作を行い，気体を発生させて，下の図1〜3のいずれかで気体を集めた。

〔操作〕

①石灰石（せっかいせき）にうすい塩酸を加えた。

②二酸化マンガンにオキシドール（うすい過酸化水素水）を加えた。

③鉄にうすい塩酸を加えた。

④アンモニア水に沸騰石（ふっとうせき）を入れて熱した。

〔気体の集め方〕

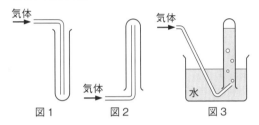

図1　　　図2　　　図3

❶次の図の気体A〜Cは，図1〜3のどの集め方が適しているか，それぞれ選びなさい。

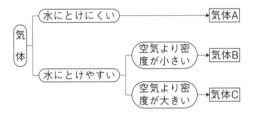

❷操作②〜④で発生した気体は，図1〜3のどの集め方が最も適しているか，それぞれ選びなさい。

❸操作①〜④で発生した気体は何か。それぞれ答えなさい。

❹二酸化炭素は水に少しとけるが，図3の方法で集めることがある。その利点を答えなさい。

● **解答（例）**

❶気体A…図3　　　気体B…図2　　　気体C…図1

❷操作②…図3　　　操作③…図3　　　操作④…図2

❸操作①…二酸化炭素　　　操作②…酸素　　　操作③…水素　　　操作④…アンモニア

❹二酸化炭素を，目で見て集めることができる。また，ほかの気体が混ざりにくい。

○ **解説**

❶図1は下方置換法（かほうちかんほう），図2は上方置換法（じょうほうちかんほう），図3は水上置換法（すいじょうちかんほう）である。水にとけにくい気体は水上置換法，水にとけやすく空気より密度が小さい気体は上方置換法，水にとけやすく空気より密度が大きい気体は下方置換法で集めるのが適している。

❷❸①で発生する二酸化炭素は水に少しとけ，空気より密度が大きい。②で発生する酸素は水にとけにくく，空気より少し密度が大きい。③で発生する水素は水にとけにくく，空気より密度が非常に小さい。④で発生するアンモニアは水に非常にとけやすく，空気より密度が小さい。

❹二酸化炭素は下方置換法か水上置換法のいずれかで集めることができる。水上置換法は最初，試験管の中が水に満たされており，気体を水と置きかえて集めることができるため，集まった気体の量がわかりやすい，空気などが混ざらない純粋な気体を集めることができる，という利点がある。

📖 教科書 p.138

確かめと応用 │ 単元 2 │ 身のまわりの物質

5 物質が水にとけるようす

水200gが入ったビーカーを2つ用意し，砂糖とデンプンをそれぞれ50gずつ入れ，よくかき混ぜた。しばらく置いたところ，どちらか一方が完全にとけた。

❶右図のモデルは，砂糖かデンプンのどちらを水に入れたときのようすを表したものか。

❷砂糖水の質量パーセント濃度を答えなさい。

❸砂糖水の質量パーセント濃度を10％にするためには，さらに水を何g加えるとよいか。

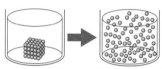

かき混ぜる前　　かき混ぜてしばらく置いた後

● 解答（例）

❶砂糖

❷20％

❸250g

○ 解説

❶砂糖は水にとける物質で，デンプンは水にとけない物質である。モデルは，小さくなった粒子がばらばらになって水溶液中に均一に広がっているので，水にとける物質を表している。

❷ $\dfrac{50\,g}{50\,g + 200\,g} \times 100 = 20$ 　　よって，20％

❸❷より，砂糖水は，溶液の質量が50g＋200g＝250gで，質量パーセント濃度が20％であった。❸では，砂糖水の溶質（砂糖）の質量を変えずに質量パーセント濃度を半分の10％にうすくするので，溶液の質量は2倍の500gにすればよい。

よって，加えた水の量は500g－250g＝250g

教科書 p.139

確かめと応用 ┊ 単元 **2** ┊ 身のまわりの物質

6 溶解度と再結晶

次の表は，硝酸カリウムと塩化ナトリウムの溶解度〔g/水100g〕を表している。

水の温度〔℃〕	硝酸カリウム	塩化ナトリウム
0	13.3	37.6
10	22.0	37.7
20	31.6	37.8
40	63.9	38.3
60	109.2	39.0
80	168.8	40.0

❶ 溶解度とは何か説明しなさい。

❷ 10℃の水50gに，より多くとけるのはどちらか。

❸ 60℃の水200gに硝酸カリウム100gをとかした後，この水溶液を10℃まで冷やすと何gの硝酸カリウムが結晶として出てくるか。

❹❸ で，結晶として出てきた硝酸カリウムと水溶液とを分けるには，どうすればよいか。

● 解答（例）

❶ ある物質を100gの水にとかして飽和水溶液にしたときのとけた物質の質量。

❷ 塩化ナトリウム

❸ 56g

❹ ろ過をする。

○ 解説

❶ 表からわかるように，溶解度は物質によって異なり，水の温度によって変化する。

❷ 表より，10℃の水100gにとける質量は硝酸カリウム22.0g，塩化ナトリウム37.7gだから，50gの水にはそれぞれその半分の11.0g，18.85gまでとける。よって，塩化ナトリウムの方が多くとける。

❸ 硝酸カリウムは，60℃の水200gには，109.2g×200÷100＝218.4gまでとけるので，硝酸カリウム100gは全てとける。また，10℃の水200gには，22.0g×200÷100＝44.0gとける。よって，結晶として出てくるのは，100g－44.0g＝56g

❹ ろ過すると，とけきれずに結晶として出てきた物質がろ紙に残り，水にとけている物質はろ紙を通りぬける。

📖 教科書 p.139

確かめと応用 | 単元 2 | 身のまわりの物質

7 状態変化するときの温度

図1の装置でエタノールを加熱していき，得られた結果を図2のグラフに表した。図3は加熱中のあるときの温度計の目盛りである。

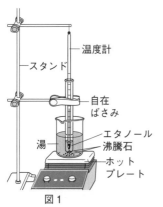
図1

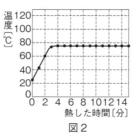
図2

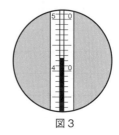
図3

❶エタノールをガスバーナーの炎で直接熱さず，湯で熱する理由を書きなさい。

❷図3の温度計の目盛りを読みなさい。

❸エタノールが沸騰し始めると78℃から温度が変化しなくなった。このときの温度を何というか。

❹❸の温度は，エタノールの量を半分にすると何℃になるか。

❺図2より，加熱を始めてから6分後のエタノールの状態について正しいものを，次のア～エから選びなさい。

　　ア　液体　　イ　気体　　ウ　固体と液体が混ざった状態
　　エ　液体と気体が混ざった状態

● 解答（例）

❶炎で直接熱すると，エタノールに火がつくおそれがあるため。

❷42.5℃

❸沸点

❹78℃

❺エ

◎ 解説

❶エタノールは火がつきやすいため，炎で直接熱すると危険である。

❷図3の温度計の1目盛りは1℃なので，その10分の1まで読みとる。

❸沸点とは液体から気体へ状態変化しているときの温度で，全てが気体に変化するまで温度は変化しない。

❹沸点や融点は物質の種類によって決まっていて，物質の量が変わっても変わらない。

❺グラフが平らになっている間，液体は気体に変化しているので，液体と気体が混ざった状態で存在する。

確かめと応用 　単元 **2** 　身のまわりの物質

8 蒸留

右の装置で水とエタノールの混合物を加熱して，温度をはかりながら，集まった液体を $2\,cm^3$ ずつ 3 本の試験管に集めた。その後，それぞれ試験管の液体の性質を調べた。

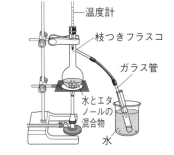

温度計
枝つきフラスコ
ガラス管
水とエタノールの混合物
水

〔結果〕

試験管	気体の温度〔℃〕	におい	火をつけたとき
1	40 ～ 80	ある。	燃えた。
2	80 ～ 90	ある。	燃えた。
3	90 ～	ない。	燃えない。

❶実験を行うとき，ガラス管の先は，どのようにすればよいか。

❷試験管 1 の液体を，次のア～エから選びなさい。

　　ア　水　　イ　エタノール

　　ウ　水と少量のエタノール

　　エ　エタノールと少量の水

❸液体を沸騰させて，出てくる気体を冷やし，再び液体としてとり出す操作を何というか。

❹❸の操作は，それぞれの物質の何のちがいを利用しているか。

● 解答(例)

❶たまった液の中に入らないようにする。

❷エ

❸蒸留（分留も可）

❹沸点のちがい

○ 解説

❶ガラス管の先が試験管にたまった液の中に入ったままガスバーナーの火を消すと，枝つきフラスコに逆流して割れる可能性がある。

❷混合物の沸点は一定の温度にならず，水よりも沸点の低いエタノールを多くふくむ気体が先に出てくる。

❸❹物質の沸点のちがいを利用すれば，蒸留によって混合物を分離できる。

📖 教科書 p.139

確かめと応用 | 単元 **2** | 身のまわりの物質

9 ガスバーナーの使い方

右の図はガスバーナーを表している。次の問いに答えなさい。

❶アとイをそれぞれ何というか。

❷元栓（もとせん）を開く前に，❶のねじがどうなっていることを確認（かくにん）するか。

❸元栓を開いた後，アとイのどちらを先に開くか。

❹炎が大きい場合は，アとイのどちらをしめるか。

❺器具の火を消すときは，アとイのどちらを先にしめるか。

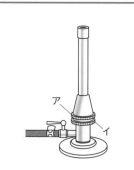

● 解答（例）

❶ア…空気調節ねじ

　イ…ガス調節ねじ

❷ア，イの２つのねじが閉まっていることを確認する。

❸イ

❹イ

❺ア

○ 解説

❶ガスバーナーの調節ねじのうち，上の方が空気調節ねじ，下の方がガス調節ねじである。

❷❸火をつけるときの手順は，①空気調節ねじとガス調節ねじが閉まっているかを確かめる→②ガスの元栓を開く（コックつきの場合は，コックも開く）→③マッチの炎を近づけてから，ガス調節ねじを少しずつ開き点火する　である。

❹炎の大きさを，大きくしたり小さくしたりするときは，ガス調節ねじを操作する。

❺火を消すときの手順は，①ガス調節ねじをおさえて，空気調節ねじを閉める→②ガス調節ねじを閉め，火を消す→③ガスの元栓を閉じる（コックつきの場合は，コックを先に閉じる）　である。

活用編

確かめと応用 ┊ 単元 **2** ┊ 身のまわりの物質

1 ブドウ糖と果糖の溶解度

ハチミツの主な成分はブドウ糖と果糖という糖類で，ハチミツ全体の質量の約80％までこの2種類の糖類がしめる。残りの約20％のほとんどが水分である。そしてこのハチミツにふくまれる糖類の質量が溶解度より大きいと，ほかの条件によっては白く固まることがある。これをハチミツの「結晶化」という。

下の図1は，ハチミツの主な成分である。表1は，ブドウ糖と果糖の温度ごとの溶解度である。次の問いに答えなさい。

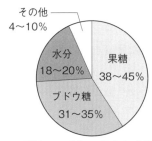

図1 ハチミツの主な成分

表1 ブドウ糖と果糖の溶解度〔g／水100g〕

温度〔℃〕	20	30	40
ブドウ糖	90.8	120.5	161.8
果糖	370	444	538

❶ハチミツの「結晶化」で出てくる物質は，ブドウ糖と果糖のどちらか。また，そのように考えた理由についても説明しなさい。

❷「レンゲ」「アカシア」という2種類のハチミツを比べると，同じ温度で「レンゲ」は結晶化したのに対し，「アカシア」は結晶化が起こらなかった。2種類のハチミツにふくまれる水分が同じだとすると，2種類のハチミツにふくまれる糖類の割合にどのようなちがいがあると考えられるか。

❸結晶化したハチミツを結晶化していない状態にもどすためには，どうしたらよいか説明しなさい。

● **解答（例）**

❶ブドウ糖

（理由）果糖よりも溶解度が小さいから。

❷アカシアには果糖が多くふくまれ，レンゲにはブドウ糖が多くふくまれている。

❸ブドウ糖の溶解度は，温度を上げると大きくなるので，ハチミツの入った容器を湯であたためると，結晶化していない状態にもどすことができる。

◎ **解説**

❶溶解度の小さい方がとけきれなくなって結晶として出てくる。

❷ブドウ糖を多くふくむハチミツの方が結晶化しやすい。レンゲのハチミツの方がブドウ糖を多くふくむので結晶化が起こったと考えられる。

❸温度を上げることでブドウ糖の溶解度は大きくなるので，あたためると結晶化したハチミツがもとにもどる。

教科書 p.140 　活用編

確かめと応用 　単元 2 　身のまわりの物質

2 白い粉末の分離と区別

塩化ナトリウムとショ糖のどちらか1種類と，デンプンと細かい白い砂のどちらか1種類とが混じり合っている白い粉末がある。この白い粉末をそれぞれの物質に分けて，特定する実験について，あおいさんと先生が会話をしている。会話文を読んで，下の問いに答えなさい。

先生「まず，混じり合っている物質を，それぞれの物質に分けるにはどうすればよいでしょうか。」

あおいさん「塩化ナトリウムとショ糖は水にとけやすく，デンプンと白い砂は水にとけにくいので，この混合物を水に入れてよくかき混ぜてから，ろ過する① とよいと思います。」

先生「そうですね。ろ過の後に，ろ紙に残った物質を特定する方法には，どのような方法があるでしょうか。」

あおいさん「まずは，ろ紙に残った物質を乾燥させます。乾燥した物質を集めて加熱すると，デンプンなら，　 ア 　。白い砂なら，　 イ 　。」

先生「それでは，ろ液にとけている白い粉末が塩化ナトリウムかショ糖かを特定するにはどうすればいいですか。」

あおいさん「ろ液を蒸発皿に入れて加熱すると，水が蒸発するので，とけている白い粉末がとり出せます。そのまま加熱し続けると，塩化ナトリウムなら 　 ウ 　。また，ショ糖なら 　 エ 　。」

❶ ろ過の原理について考えたとき，水にとける粒子，水にとけない粒子，ろ紙のすき間を大きな順に答えなさい。

❷ ア〜エに入る適切な文章を，それぞれA，Bのどちらかから選びなさい。
　　A：変化しません　　B：こげて炭(炭素)ができます

❸ 会話の内容から，塩化ナトリウム，ショ糖，デンプン，白い砂のうち，有機物と判断できる物を全て答えなさい。

● 解答(例)

❶ 水にとけない粒子，ろ紙のすき間，水にとける粒子の順番で大きい。

❷ ア…B　　イ…A　　ウ…A　　エ…B

❸ ショ糖，デンプン

◎ 解説

❶ ろ紙のすき間より小さな粒子だけがろ紙のすき間を通りぬけ，大きな粒子はろ紙を通りぬけずにろ紙に残る。

❷❸ 熱すると，こげてやがて炭(炭素)ができる物質を有機物という。有機物は炭素をふくむ物質で，さらに強く熱すると，炎を出して燃え，二酸化炭素と水ができる。(ただし，炭素や二酸化炭素は有機物とはいわない。)会話の内容より，デンプンやショ糖は有機物とわかる。有機物以外の物質を無機物といい，加熱しても変化しないか，燃えても二酸化炭素を発生しない。塩化ナトリウム，砂は無機物である。

確かめと応用　単元2　身のまわりの物質

3 状態変化と有機物の燃焼

マイケル・ファラデー(イギリス，1791年〜1867年)が，大衆向けに開催したロウソクに関する科学講座は，『ロウソクの科学』として日本でも出版され，今読んでもまったく古さを感じさせない。この『ロウソクの科学』には，さまざまなイラストがえがかれているが，下のイラストを見て問題に答えなさい。

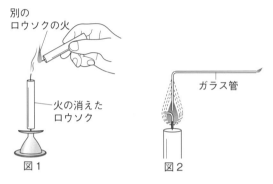

別のロウソクの火

火の消えたロウソク

図1

ガラス管

図2

❶図1では，ロウソクの火を消してから，すぐに別のロウソクの火を近づけると，5cm程度離れていても火が消えたロウソクに再び点火できることを示している。また，図2では，燃えているロウソクの芯の少し上にガラス管を差しこみ，もう一方のガラス管の先に火を近づけると火がつくことを示している。図1，図2から，ロウが燃えるのは，固体，液体，気体のうち，どの状態だと考えられるか。

❷ファラデーは，ロウソクが燃えると水ができることを示すため，図3のように，燃えているロウソクの上に氷を入れた容器を置いた。この装置で，水の生成を示すことができる理由を説明しなさい。

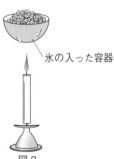

氷の入った容器

図3

❸ファラデーはさまざまな気体についても講演で紹介している。図4〜図7は酸素，二酸化炭素，水素のいずれかの性質について説明したときのイラストである。それぞれの気体の名称を答えなさい。

気体の入ったびん

炎

図4　気体の入ったびんに火を近づけると気体が激しく燃える。

気体を通す

石灰水

図5　石灰水に気体を通すと，石灰水が白くにごる。

図6　火のついたロウソクの入った
びんに気体を注ぎこむとロウソクの
火が消える。

図7　針金の先につけた木片に
火をつけて，気体の入ったびんに
入れると，木片が激しく燃える。

● 解答（例）

❶気体

❷ロウソクの上の容器の表面に水滴ができる。これは，ロウソクが燃えたときにできたものが容器で冷
やされたものであるため，ロウソクが燃えると水（水蒸気）ができるといえる。

❸図４…水素

　図５…二酸化炭素

　図６…二酸化炭素

　図７…酸素

○ 解説

❶ロウソクのロウの部分は固体の状態であるが，芯に火をつけるとその熱によって，ロウが液体の状態
になる。液体の状態になったロウは，芯に吸い上げられ，さらに炎によって熱せられ，芯のすぐまわ
り（炎心）で気体となっている。図１の火を消したロウソクの芯のまわりには，まだ気体のロウが存在
すると考えられる。よって，ロウの固体や芯に吸い上げられた液体ではなく，ロウの気体が燃えたた
め，ロウソクから離れていても火がついたと推測できる。また，図２は，芯のすぐまわり（炎心）にあ
るロウの気体がガラス管を通って移動し，ガラス管のもう一方の先から出てきたため，火がついたと
考えられる。

❷ロウは有機物であるため，燃えると二酸化炭素と水ができる。ロウが燃えて発生した水は水蒸気の状
態で上昇していくが，氷に入った容器によって冷やされて液体の水に状態変化し，容器に水滴となっ
てつく。

❸図４…火を近づけると気体自体が激しく燃える性質があるのは水素である。

　図５，図６…石灰水に通すと石灰水を白くにごらせたり，物質を燃やす性質がないため火のついたロ
　　　　　　　ウソクを入れると火が消えたりするのは二酸化炭素である。

　図７…火をつけた物を入れると，激しく燃えるのは物質を燃やす性質がある酸素である。

単元 **3** 身のまわりの現象

この単元で学ぶこと

第1章 光の世界

鏡やガラスなどを用いて実験し，光の反射や屈折について学ぶ。

凸レンズを用いて実験し，凸レンズを通る光の進み方や，像のでき方を学ぶ。

第2章 音の世界

音が，どのように伝わるのかを学ぶ。

弦やおんさなどを用いて実験し，音の大小と高低が，何によって決まるかを学ぶ。

第3章 力の世界

力のはたらきや，力のはかり方や表し方，その法則を学ぶ。

力のつり合いについて学び，理解する。

第1章 光の世界

これまでに学んだこと

▶**日光の進み方**(小3)　日光は**まっすぐに進む**。

▶**太陽と月**(小6)　太陽は，自ら強い光をはなっている。月は，自ら光を出さず，太陽の光が当たっているところで**太陽の光を反射して明るく見える**。

▶**光の的当て**(小3)

・日光は，鏡に当たるとはね返る。**はね返した日光は，まっすぐに進む**。はね返した日光が当たったところは，明るく，あたたかくなる。

・**鏡の向きを変えると，はね返した光の向きを変えることができる**。はね返した光を重ねるほど，明るく，あたたかくなる。

▶**虫眼鏡を使った光の集光**(小3)

・虫眼鏡を使うと，日光を点のように小さなところに集めることができる。

・日光を集めたところを**小さくするほど，日光が当たったところは明るく，あたたかくなる**。

●虫眼鏡を使った光の集光

色のこい紙

第1節　物の見え方

要点のまとめ

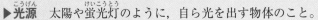

▶**光源**　太陽や蛍光灯のように，自ら光を出す物体のこと。

▶**光の直進**　光がまっすぐに進むこと。

▶**光の反射**　物体の表面で光がはね返ること。

▶**物の見え方**

・光源から出た光の一部が，直接目に届くと，光源の姿が見える。

・光源でない物体は，光源から出た光の一部が，物体の表面で反射して目に届くことで見える。

太陽の光が白く見えるのは，複数の色の光が混ざり合っているからだよ。

教科書 p.147

活用　学びをいかして考えよう

教科書147ページの右の写真は，同じ日の同じ場所において，午前と午後の時間に撮影したものである。午前中に撮影した写真は，どちらだろうか。また，そのように考えた理由を説明しよう。

● **解答（例）**

午前中に撮影した写真は，下の写真である。

理由…光源の太陽が午前中は東にあるため，かげはその反対の西に向かってのびているから。

○ **解説**

かげののびる向きが，光の道筋である。午前は太陽が東にあるため，光は東から西に向かって直進し，かげは西の方向にできる。午後は太陽が西にあるため，光は西から東に向かって直進し，かげは東の方向にできる。

第 2 節　**光の反射**

要点のまとめ

▶**入射角**　入射した光と入射した面に垂直な線がつくる角。
▶**反射角**　反射した光と反射した面に垂直な線がつくる角。
▶**光の反射の法則**　光が反射するとき，**入射角と反射角は等しい**こと。
▶**鏡にうつる物体の見かけの位置**　もとの物体と，鏡に対して**対称の位置**（物体の見かけの位置）**から光が届く**ように見えるため，鏡の中に物体があるように感じる。
▶**乱反射**　表面に細かい凹凸がある物体に光が当たるとき，光がさまざまな方向に反射すること。

● **光の反射の法則**

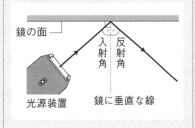

 教科書 p.149

実験 1

鏡で反射する光の道筋

○ **結果の見方**

●**光が鏡に当たる前と当たった後の線は，記録用紙を折ってすかして見ると，どのように見えたか。また，的の位置を変えたときの見え方はどうだったか。**

光源装置から出た光が，鏡にうつった的まで**まっすぐに進む**ように見えた。

記録用紙を折ってすかして見ると，**光が鏡に当たる前と，当たった後の線は，重なって見えた。**

的の位置を変えると，光の道筋は変わったが，記録用紙を折ると光が当たる前と後の線はやはり重なって見えた。

◎ **考察のポイント**

●**光が鏡に当たる前と当たった後の道筋は，記録用紙の折り線とどのような関係にあるか。**

光が鏡に当たる前の道筋と，当たった後の道筋は，記録用紙の折り線について**対称**になっている。

 教科書 p.151

活用　学びをいかして考えよう

鏡に全身をうつすには，鏡の上下の長さは少なくともどれだけ必要か。

● **解答（例）**

身長の半分の長さが必要である。

◎ **解説**

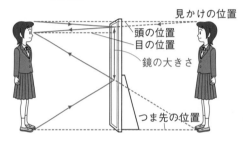

見かけの位置
頭の位置
目の位置
鏡の大きさ
つま先の位置

　頭の先を見るときには，頭の先から出た光が，頭の位置と目の位置の半分の距離のところで反射している。また，つま先を見るときには，つま先から出た光が，つま先の位置と目の位置の半分の距離のところで反射している。

　したがって，全身をうつすには，**身長の半分の長さ**の鏡があればよい。

第3節　光の屈折

要点のまとめ

▶**光の屈折**　光が水やガラスなどの透明な物体に出入りするとき，境界面に垂直に入射する光は直進し，ななめに入射する光は境界面で曲がること。

▶**屈折角**　境界面に垂直な線と境界面で屈折した光がつくる角。

・**光が空気中から透明な物体に進むとき…入射角＞屈折角**

・**光が透明な物体から空気中に進むとき…入射角＜屈折角**

▶**屈折による見え方**　ガラス越しの物体や水中の物体で反射した光は，境界面に達すると屈折するため，目には屈折した光の道筋を逆にのばした位置から光が直進してくるように見える。

●**光の屈折**

・空気中から透明な物体に進むとき

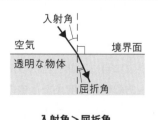

入射角
空気　　　　　境界面
透明な物体
屈折角

入射角＞屈折角

▶**全反射** 透明な物体から空気中に光が進むとき，入射角が一定以上大きくなると，境界面で全ての光が反射すること。

・透明な物体から空気中に進むとき

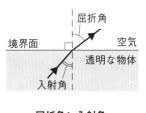

屈折角＞入射角

 教科書 p.153

実験2

直方体のガラスを通りぬける光の道筋

● 結果（例）

光の道筋の記録

●境界面に垂直に入射させたとき

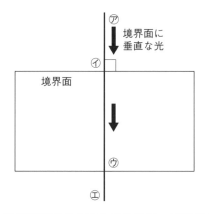

●境界面にななめに入射させたとき

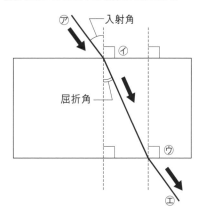

⑦光源装置から出た光の位置，⑦光がガラスに入る位置，⑦光がガラスから出る位置，⑦光がガラスから出て進んだ位置

◎ 結果の見方

●空気側から光を入射させると，ガラス側では光はどのように進んだか。

・境界面に垂直に入射させた光…ガラス側でも光はそのまま直進した。

・境界面にななめに入射させた光…光の道筋は境界面から遠ざかった。また，入射した光の一部は反射した。

●ガラス側から空気側に向かって進む光の道筋は，どのようになったか。

・境界面に垂直に入射させた光…直進したままだった。

・境界面にななめに入射させた光…光の道筋は境界面に近づいた。また，空気側から入射させた光とガラス側から空気側に向かって進んだ光は平行だった。

○ **考察のポイント**

●**ガラスに光が入るときと，ガラスから光が出るときの道筋には，どのような関係があるか。**

　空気中からガラスなどの透明な物体に光が境界面にななめに入射するとき，**光は境界面から遠ざかる**ように屈折し，屈折角は入射角より小さくなる（**入射角＞屈折角**）。

　ガラスなどの透明な物体から空気中に光が境界面にななめに入射するときは，**光は境界面に近づく**ように屈折し，屈折角は入射角より大きくなる（**入射角＜屈折角**）。入射角が一定以上に大きくなると，境界面を通りぬける光はなくなり，光は境界面で**全て反射**する（**全反射**）。

 教科書 p.155

活用　学びをいかして考えよう

　教科書155ページの図8のように，湖にうつる富士山は，なぜ実際に見える富士山よりも暗く見えるのだろうか。

● **解答（例）**

　富士山から反射した光は，空気中から湖の水中に入射する光がほとんどで，水面で反射する光はごく一部だから。

○ **解説**

　水やガラスのように光を通す物体でも，表面が平らでなめらかな場合，**光の一部を反射する**ので，鏡のように物体がうつって見えることがある。しかし，反射する光が一部のため，実際より暗く見える。大部分の光は水中に入射し，水面にななめに入射した場合は屈折して水中を進む。

第4節 レンズのはたらき

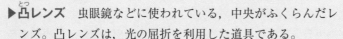 **要点のまとめ**

▶**凸レンズ**　虫眼鏡などに使われている，中央がふくらんだレンズ。凸レンズは，光の屈折を利用した道具である。

▶**像**　凸レンズなどを通して見えるものや，スクリーンなどにうつって見えるもの。

▶**光軸**　凸レンズの中心を通り，凸レンズの面に垂直な軸。

▶**焦点**　凸レンズの光軸に平行に進む光が，凸レンズに入るときと出るときに屈折して集まる点。凸レンズの両側に１つずつある。

▶**焦点距離**　凸レンズの中心から焦点までの距離。

▶**凸レンズを通る光の進み方**

　①光軸に平行に入射する光…焦点を通る。

　②凸レンズの中心を通る光…直進する。

●**凸レンズを通る光の進み方**

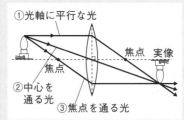

①光軸に平行な光
②中心を通る光
③焦点を通る光
焦点　実像
焦点

③凸レンズの手前の焦点を通る光…凸レンズを通った後は,
光軸に平行に進む。

▶実像　物体が焦点より外側にあるとき, 凸レンズを通った光
が集まり, スクリーン上にできる**上下左右が逆向きの像**。

▶虚像　物体が焦点と凸レンズの間にあるとき, 凸レンズをの
ぞくと見える, **同じ向きで物体より大きい像**。光が1点に集
まらないため, スクリーン上にはできない。

 教科書 p.158 ～ p.159

実験3

凸レンズによる像のでき方

● 結果（例）

光源の位置	像の位置	像の大きさ	像の向き
㋐焦点距離の3倍	焦点距離の1.5倍	光源より小さい	上下左右が逆向き
㋑焦点距離の2倍	焦点距離の2倍	光源と同じ大きさ	上下左右が逆向き
㋒焦点距離の1.5倍	焦点距離の3倍	光源より大きい	上下左右が逆向き
㋓焦点	うつらなかった	————	————
㋔焦点距離の半分	うつらなかった	————	————

◎ 結果の見方

●光源の位置を変えると, 像の位置や大きさや向きはどのようになったか。

・㋐, ㋑, ㋒と光源の位置を焦点に近づけていくと, 像ができる位置は㋐の像, ㋑の像, ㋒の像の順に
遠くなった。像の大きさは大きくなり, **像の向きは上下左右が逆向き**だった。

・光源が焦点の位置の㋓, 焦点とレンズの間の㋔では像がうつらなかったが, ㋔のときスクリーンの位
置から凸レンズをのぞくと像が見えた。**像の向きは光源と上下左右が同じ**で, **光源より大きく見えた**。

◎ 考察のポイント

●像の位置や大きさや向きは, 光源の位置や凸レンズの焦点距離とどのような関係にあるか。

光源が焦点の外側にあるとき

・光源の位置が焦点距離の2倍より遠いと, 像は焦点距離の2倍より近い位置にでき, 像の大きさは光
源より小さくなる。このとき, 上下左右が逆向きの実像ができる。

・光源の位置が焦点距離の2倍のとき, 像は焦点距離の2倍の位置で, 像の大きさは光源と同じ大きさ
で, 上下左右が逆向きの実像ができる。

・光源の位置が焦点距離の2倍より近いと, 像は焦点距離の2倍より遠い位置にでき, 像の大きさは光
源より大きくなる。このとき, 上下左右が逆向きの実像ができる。

光源が焦点の内側にあるとき

・光源の位置が焦点距離より近いとき, 像はスクリーン上にはできない。しかし, 凸レンズをのぞくと,
像の大きさが光源より大きく, 上下左右が同じ向きの虚像が見える。虚像は, 光源が凸レンズに近づ
くほど光源の実際の大きさに近づいていく。

単元
3

身のまわりの現象

教科書 p.161

活用 学びをいかして考えよう

鏡にうつる像は実像か，虚像か説明しよう。

● 解答（例）

実際の光が1点に集まってできた像ではないため，虚像である。

○ 解説

　鏡にうつる像は，右図のように，頭の先やつま先か
ら出た光が，鏡で反射して目に入ったため見える。目
に入った光を，人物と鏡に対して対称の位置まで延長
して，鏡の奥から光が届いたように見えているだけで，
実際に鏡の奥から出た光が1点に集まってつくった像
ではない。したがって，虚像である。

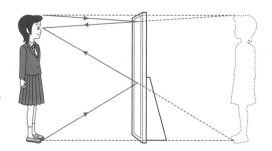

教科書 p.161

練習

　教科書161ページの下図の位置にある物体の先端から出て凸レンズを通る光は，どのように進む
か，作図しなさい。

● 解答（例）

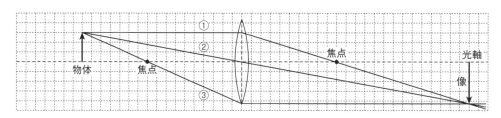

○ 解説

①光軸に平行な光は，凸レンズの反対側の焦点を通る。

②凸レンズの中心を通る光は，そのまま直進する。

③凸レンズの手前の焦点を通る光は，凸レンズを通った後は光軸に平行に進む。

教科書 p.162　　**章末　学んだことをチェックしよう**

❶ 光の反射

1. 鏡で光が反射する場合，（　　）と（　　）の大きさが等しくなる。

2. 1から，鏡にうつる物体の見かけの位置は，どのような位置と考えられるか。

● 解答（例）

1. 入射角，反射角（順不同）
2. 鏡の面に対して，物体と対称な位置

◎ 解説

　光が反射するとき，入射角と反射角は等しい。これを光の反射の法則という。鏡にうつった物体は鏡の奥にあるように見えるが，これは，鏡に対して対称な位置に，物体の見かけの位置があり，そこから光が届くように見えるためである。

---

❷ 光の屈折

1. 空気中を進んできた光が透明な物体にななめに入るとき，その境界面で光は（　　）する。
2. 水中から空気中にななめに進む光は，境界面に対してどのように曲がるか。
3. 2で入射角が大きくなると何が起こるか。

● 解答（例）

1. 屈折
2. 入射角より屈折角の方が大きくなるように曲がる。（境界面に近づくように曲がる。）
3. 光は空気中へ出ることができず，境界面で全て反射する。（全反射が起こる。）

◎ 解説

　空気中から透明な物体の境界面にななめに入射した光は，入射角＞屈折角となるように屈折する。また，透明な物体から空気中にななめに入射した光は，入射角＜屈折角となるように屈折する。このとき，入射角が一定以上大きくなると，境界面を通りぬける光はなくなり，全反射する。全反射を利用したものに光ファイバーなどがある。

---

❸ レンズのはたらき

1. 凸レンズの焦点を通る光，光軸に平行な光，凸レンズの中心を通る光は，凸レンズに入射した後それぞれどのように進むか。
2. スクリーンにうつる像を光源と同じ大きさにするには，光源をどこに置けばよいか。

● 解答（例）

1. 凸レンズの焦点を通る光は，凸レンズを通った後，光軸と平行に進む。
　　光軸に平行な光は，凸レンズの反対側の焦点を通る。
　　凸レンズの中心を通る光は，そのまま直進する。
2. 焦点距離の2倍の位置に置く。

◎ 解説

　光源が焦点より外側にある場合，光は1点に集まり，上下左右が逆向きの実像ができる。光源を焦点に近づけていくと，像の位置は遠くなり，像はだんだん大きくなっていく。このとき，光源を焦点距離の2倍の位置にすると，像は焦点距離の2倍の位置にでき，光源と同じ大きさの実像ができる。一方，光源が焦点の内側にある場合は，上下左右が同じ向きの虚像が見える。

教科書 p.162　　　章末　学んだことをつなげよう

虹_{にじ}は，空気中の水滴_{すいてき}に太陽の光が教科書162ページの右図のように反射や屈折をして現れる現象である。雨上がりに虹をさがすとしたら，空のどのあたりをさがしたらよいか。

● **解答（例）**

太陽のある方向と反対側をさがすとよい。

○ 解説

太陽の光が水滴に入射し，屈折・反射して観察者の目に届くので，虹は太陽のある方向と反対側にできる。虹は，観察者の目に見える角度が決まっており，太陽光の入射した方向から約42°の角度で現れる。そのため，太陽の高度が高いときは虹が見えにくく，太陽の高度が低い朝や夕方の方が，虹をさがしやすい。

 教科書 p.162

Before & After

身のまわりで見られる教科書145ページの現象に，光はどのように関係しているだろうか。

● **解答（例）**

・**水を入れたグラスの中に見える，小さく逆さまな景色**

水の入ったグラスが凸レンズのはたらきをし，光が集まって実像ができた。

・**虹のような光の輪**

光が霧の細かな水の粒で反射・屈折され，虹のような輪ができた。ブロッケン現象ともよばれる。

・**水面にうつる景色**

鏡のようになめらかな水面に，光が反射したため起きた。

○ 解説

身のまわりには，水（水滴）やグラスが鏡やレンズの役割をし，光が反射したり，屈折したりして物の見え方が変わって起こる現象がある。

定着ドリル

第 **1** 章 | 光の世界

①〜③の図の位置にある物体の先端から出て凸レンズを通る光は，どのように進むか，作図しなさい。

①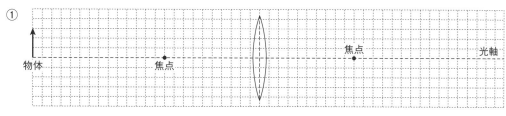

②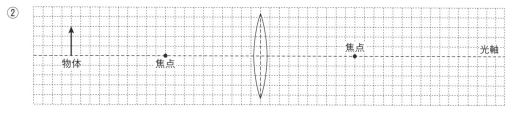

③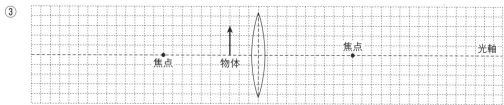

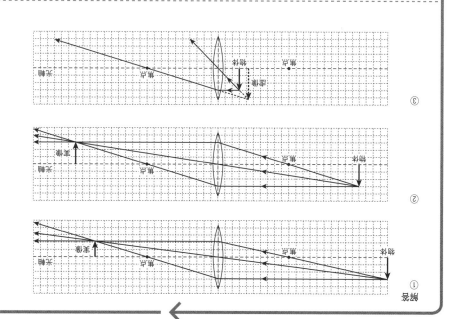

定期テスト対策　第1章 光の世界

解答　p.187

/100

1 次の問いに答えなさい。

①太陽や電灯のように自ら光を出す物体を何というか。

②光がまっすぐに進むことを何というか。

③物体の表面に細かい凹凸があるとき，光がさまざまな方向に反射する現象を何というか。

④透明な物体に光が出入りするとき，境界面にななめに入射した光が境界面で曲がる現象を何というか。

⑤光軸に平行な光は，凸レンズを通ると1点に集まる。この点を何というか。

⑥凸レンズを通った光が集まり，スクリーンにうつる像を何というか。

⑦スクリーンにはうつらず，凸レンズを通して物体を見たときに見える像を何というか。

⑧ルーペで見る像は⑥と⑦のどちらか。番号で答えなさい。

1	計24点
①	3点
②	3点
③	3点
④	3点
⑤	3点
⑥	3点
⑦	3点
⑧	3点

2 図は鏡に光を当てたときの光の道筋である。次の問いに答えなさい。

①A，Bの角をそれぞれ何というか。

②A，Bの角の大きさはどのような関係にあるか。

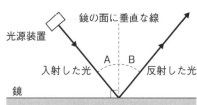

鏡の面に垂直な線
光源装置
A　B
入射した光　反射した光
鏡

2	計13点
①A	4点
B	4点
②	5点

3 図はガラスの半円形レンズに光を入射させたときのようすである。次の問いに答えなさい。

①空気中からガラスの中へ進む光の道筋を表した矢印として，最も適切なものを図のA〜Dから選びなさい。

②境界面に垂直な線と屈折した光のつくる角を何というか。

③図で，屈折した光がガラスの中から空気中に出るとき，境界面で光の進み方はどうなるか。

④図で，空気中から境界面に入射した光には，ガラスの中に進む以外の進み方はあるか。あるときは，どのような光なのか答えなさい。

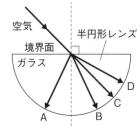

空気
半円形レンズ
境界面
ガラス
A　B　C　D

3	計22点
①	5点
②	5点
③	6点
④	6点

4 凸レンズによってできる像について，次の問いに答えなさい。

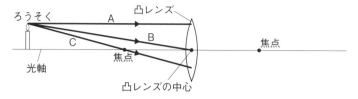

①図のAのように光軸に平行な光は，凸レンズを通った後どのように進むか。次の**ア**〜**ウ**から選び，記号で答えなさい。

ア まっすぐに進む。 **イ** 焦点を通るように進む。

ウ 光軸に平行に進む。

②図のBのように凸レンズの中心を通った光は，凸レンズを通った後どのように進むか。①の**ア**〜**ウ**から選び，記号で答えなさい。

③図のCのように焦点を通った光は，凸レンズを通った後どのように進むか。①の**ア**〜**ウ**から選び，記号で答えなさい。

④凸レンズによってできる像を上の図に，作図しなさい。

⑤凸レンズの下半分をかくすとどうなるか。次の**ア**〜**エ**から選び，記号で答えなさい。

ア 上半分の像になる。 **イ** 下半分の像になる。

ウ 像が小さくなる。 **エ** 像が暗くなる。

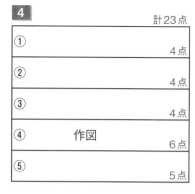

4	計23点
①	4点
②	4点
③	4点
④ 作図	6点
⑤	5点

単元 **3** 身のまわりの現象

5 図のように，焦点距離が5cmの凸レンズを用いてスクリーンに像をうつす実験を行った。次の問いに答えなさい。

①スクリーンに物体と同じ大きさの像をうつしたとき，a凸レンズと物体の距離，b凸レンズとスクリーンの距離は，それぞれ何cmか。

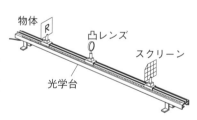

②①のとき，スクリーンにうつった像はどれか。次の**ア**〜**エ**から選び，記号で答えなさい。

ア イ ウ エ

③物体の位置を①の位置より凸レンズから遠ざけると，像の大きさはどうなるか。

5	計18点
① a	4点
b	4点
②	5点
③	5点

第2章 音の世界

第1節 音の伝わり方

要点のまとめ

▶ **音源** **振動**して音を出すもの。

▶ **音の伝わり方** 音源の振動は，空気中を**波**として広がりながら伝わっていく。空気の振動が，耳の中の鼓膜を振動させることにより，人は音を感じることができる。**真空中では，音は伝わらない。**

▶ **音を伝える物体** 空気のような気体だけではなく，水のような液体，金属のような固体も音を伝える。

空気中と真空中の音の伝わり方の違いを，よく理解しておこう。

📖 **教科書 p.164**

分析解釈 調べて考察しよう

教科書164ページの図2のように，同じ高さの音が出る2つのおんさA，Bのうち，Aをたたくとaはどうなるか。また，AとBの間に板を置くと，どうなるか。

解答（例）

・おんさAを鳴らすとおんさBも鳴りだした。おんさAの振動が，空気中を伝わっておんさBに伝わったためである。

・おんさAとおんさBの間に板を置くと，おんさAを鳴らしてもおんさBはあまり鳴らなかった。おんさAの振動が板によってさえぎられ，おんさBに伝わらなかったためである。

解説

・おんさだけでは音が小さいので，共鳴箱つきおんさを使う。共鳴箱の開いている面どうしを向かい合わせておんさAを鳴らすと，おんさBも鳴りだす。それは，おんさAの音を止めても，おんさBが鳴り続けていることからわかる。

・2つのおんさの間に板を置くと，おんさAを鳴らしても，おんさBは鳴りにくくなる。おんさAの振動を，間にある空気が伝えていて，板によって空気の振動が伝わりにくくなるため，おんさBは振動しにくくなると考えられる。

教科書 p.165

活用　学びをいかして考えよう

次の事例について考えよう。また，そのように考えた理由を説明しよう。

・糸電話の糸を長くしても，相手の声は聞こえるだろうか。

・空気がない宇宙空間でも，音は聞こえるだろうか。

● **解答（例）**

・声の振動が糸を振動させて伝わるため，糸を長くしても相手の声は聞こえる。

・音の振動を伝えるものがないため，宇宙空間では音は聞こえない。

○ **解説**

・空気のような気体だけでなく，糸のような固体も音を伝える。糸電話は，声の振動が紙コップ中の空気→紙コップ→糸→相手の紙コップ…という順で伝わる。固体の方が気体より音が伝わりやすいので，糸を長くしても途中で振動が止まらない限り，声は聞こえる。

・教科書165ページの図3で，容器の中の空気をぬいていくと音が小さくなったことから，空気が音の振動を伝えているといえる。したがって，空気がないと音を伝える物体がないため，音は聞こえない。

第2節　音の性質

要点のまとめ ✏

▶ **振幅** 音源の振動の中心からのはば。大きい音ほど振幅が大きい。

▶ **振動数** 1秒間に音源が振動する回数。高い音ほど振動数が多い。

▶ **ヘルツ（Hz）** 振動数の単位。1Hzは，1秒間に1回振動するときの振動数である。

▶ **音の伝わる速さ** 空気中では，**秒速約340m**である。光の速さ（秒速約30万km）に比べると，はるかにおそい。

● **音の大小**

・弦の振動の例

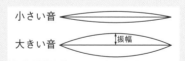

・音をコンピュータで調べた例

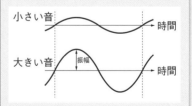

● **音の高低**

・音をコンピュータで調べた例

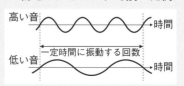

教科書 p.167

実験4

弦の振動による音の大きさと高さ

◯ **結果の見方**

●①〜③のときに出た音の大きさや高さを，弦の振動のようすや簡易オシロスコープの画面のようすと
比べると，何がわかったか。

①弦をはじく強さだけを変える(弦の長さと弦の張りの強さは同じにする)。

・強くはじいたとき…**音は大きく**，弦の振幅やオシロスコープの**振幅が大きかった**。

・弱くはじいたとき…**音は小さく**，弦の振幅やオシロスコープの**振幅が小さかった**。

強くはじいたとき　　　　　弱くはじいたとき

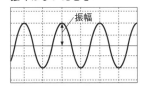 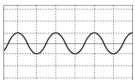

②弦の長さ(ことじの位置)だけを変える(弦をはじく強さと弦の張りの強さは同じにする)。

・弦を短くしたとき…**高い音**が出た。オシロスコープでは**振動数が多かった**。

・弦を長くしたとき…**低い音**が出た。オシロスコープでは**振動数が少なかった**。

弦を短くしたとき　　　　　弦を長くしたとき

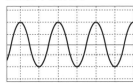 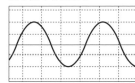

③弦の張りの強さだけを変える(弦をはじく強さと弦の長さは同じにする)。

・弦を強く張ったとき…**高い音**が出た。オシロスコープでは**振動数が多かった**。

・弦を弱く張ったとき…**低い音**が出た。オシロスコープでは**振動数が少なかった**。

弦を強く張ったとき　　　　　弦を弱く張ったとき

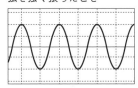 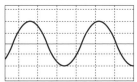

◯ **考察のポイント**

●音の大きさと弦の振動のようすには，どのような関係があるか。

●音の高さと画面に表れた波の形には，どのような関係があるか。

・音の**大きさ**…振幅(ふれはば)が関係する。振幅が大きいと大きい音，振幅が小さいと小さい音が出る。

・音の**高さ**…振動数(一定時間の波の数)が関係する。振動数が多いと高い音，振動数が少ないと低い音
が出る。

	弦の長さ	弦の張り方
高い音	短い	強い
低い音	長い	弱い

教科書 p.169

活用　学びをいかして考えよう

幹線道路や飛行場など，騒音が大きいとされる場所の近くに住んでいる場合，部屋の中で快適に過ごすには，どのような方法が考えられるか。

● **解答(例)**

　外からの音は，部屋のかべや窓を振動させ，さらに部屋の空気を振動させて音として伝わるため，窓を厚い防音カーテンで完全におおって，伝わる空気の振動の振幅が小さくなるようにする。

○ **解説**

　音の振動は波として広がって伝わる。外からの騒音も，幹線道路や飛行場などの音源→空気の振動→家のかべや窓の振動→部屋の空気の振動という経路で伝わる。音の大小は振動の振幅の大小によるため，伝わってくる振動の振幅が小さくなるよう工夫をする。

 教科書 p.170　　**章末　学んだことをチェックしよう**

❶ **音の伝わり方**
1. 音は，（　　）が耳に伝わって聞こえる。
2. 空気のような気体以外に，水などの（　　）や金属などの（　　）の中も音は伝わる。
3. （　　）では，音は聞こえない。

● **解答(例)**
1. 空気の振動
2. 液体，固体
3. 真空中

○ **解説**

　音は，音源の振動が空気を振動させて波として伝わり，耳の中にある鼓膜といううすい膜を振動させることによって感じる。よって，空気のない真空中では音は聞こえない。

❷ **音の性質**
1. 音が出ているときの弦の振動の中心からのはばを，（　　）といい，弦が1秒間に振動する回数を（　　）という。
2. 弦で大きな音を出すには，どうすればよいか。また，高い音を出すには，どうすればよいか。
3. 空気中を伝わる音の速さは秒速約340mで，光の速さに比べてはるかに（　　）。

● **解答(例)**
1. 振幅，振動数
2. 大きな音…弦を強くはじく。
　 高い音…弦の長さを短くする。弦を強く張る。
3. おそい

○ 解説

　弦を強くはじき，弦の振幅が大きくなるほど音は大きくなる。一方，弦を弱くはじき，弦の振幅が小さくなるほど音は小さくなる。

　弦をおさえる位置を変えて弦の振動する部分を短くするほど，また，弦の張りを強くするほど，弦の振動数（1秒間あたりに振動する回数）が多くなり高い音が出る。一方，弦をおさえる位置を変えて弦の振動する部分を長くするほど，また，弦の張りを弱くするほど，弦の振動数が少なくなり低い音が出る。

 教科書 p.170

章末　学んだことをつなげよう

　基準となる教科書170ページの下図のようなグラフに対して，音が大きいときと，音が高いときで何がちがうのか，弦の振動のようすに注目して説明しよう。

● 解答（例）

・**音が大きいとき…グラフよりも振幅が大きくなるが，振動数は変わらない。**
・**音が高いとき…グラフよりも振動数が多くなるが，振幅は変わらない。**

○ 解説

　音の大きさは弦の振動の中心からのはば（**振幅**）で決まる。振幅が大きいほど大きな音が出る。
　音の高さは弦が1秒間に振動する回数（**振動数**）で決まる。振動数が多いほど高い音が出る。

 教科書 p.170

Before & After

音とは何だろうか。

● 解答（例）

音源の振動が，空気などの物体を振動させて波として伝わったもの。

○ 解説

　音源の振動は，まわりの物を振動させ，次々と波として広がっていく。音が聞こえるのは，振動を伝える物体があり，私たちの鼓膜が振動し，その振動を音として感じるからである。

定期テスト対策 第2章 音の世界

解答 p.187

/100

単元3 身のまわりの現象

1 次の問いに答えなさい。

①音を出している物体を何というか。

②①の振動の中心からのはばを何というか。

③①が，1秒間に振動する回数を何というか。

④少し離れた大きなビルに向かって音を出すと，3秒後に反射した音が聞こえた。ビルまでの距離は何mか。ただし，音の速さは340m/sとする。

1	計34点
①	8点
②	8点
③	8点
④	10点

2 図のモノコードの弦をはじく強さや弦の長さを変えて，弦をはじいたときの音を調べた。次の問いに答えなさい。

①弦をはじく強さを変えると，弦の何が変わるか。

②①のとき，音の何が変わるか。

③図のことじを右に動かし，動かす前と同じ強さでことじの右側の弦をはじくと，音の何が変わるか。

④③のとき，弦が1秒間に振動する回数はどうなるか。

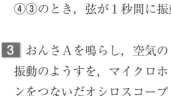

ことじ
左
右

2	計40点
①	10点
②	10点
③	10点
④	10点

3 おんさAを鳴らし，空気の振動のようすを，マイクロホンをつないだオシロスコープを用いて観察した。図はその

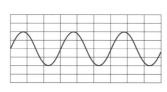

ときに観察された波形で，横軸は時間経過，縦軸は振動のはばを表している。次の問いに答えなさい。

①図のときよりおんさAを弱くたたくと，波形はどうなるか。次の**ア〜エ**から選び，記号で答えなさい。

3	計26点
①	8点
②	8点
③	10点

ア 　イ 　ウ 　エ

それぞれの図の1目盛りの大きさは，全て上図と等しいものとする。

②別のおんさBを，初めにおんさAをたたいたときと同じくらいの強さでたたいたところ，おんさAより高い音で鳴った。このときの波形を①の**ア〜エ**から選び，記号で答えなさい。

③おんさAにおもり（ゴム）をつけてたたくと①の**イ**の波形が現れた。初めに鳴らしたおんさAの音と比べて，どんな音か。

117

第3章 力の世界

これまでに学んだこと

▶**物を動かすはたらき**(小3, 小5)

・風には, 物を動かすはたらきがある。風が強いほど, 物を動かすはたらきは大きい。

・ゴムにも, 物を動かすはたらきがある。ゴムを長くのばすほど, 物を動かすはたらきは大きい。

・磁石と磁石が引き合ったり, しりぞけ合ったりする性質を利用して, 物を動かすことができる。

・電磁石を使っても, 物を動かすことができる。

▶**物の重さ**(小3)

・物は, 形や置き方を変えても, 重さは変わらない。

・体積が同じでも, 物によって重さはちがう。

●物の重さ

広げたとき

アルミニウムはく

細長くしたとき

まるめたとき

細かく分けたとき

第1節 日常生活のなかの力

要点のまとめ

▶**力のはたらき**

①物体の形を変える。

②物体の運動の状態を変える。

③物体を支える。

▶**垂直抗力** ある面の上に物体を置いたとき, その面から垂直に物体にはたらく力。

▶**弾性の力(弾性力)** 力によって変形させられた物体にはもとにもどろうとする性質(**弾性**)があり, そのときにもとにもどる向きに生じる力。

▶**摩擦力** 物体の接触面で運動をさまたげる向きにはたらく力。

▶**重力** 地球上にある全ての物体において, 地球の中心の向きにはたらく力。

▶**磁石の力(磁力)** 磁石にほかの磁石を近づけることで, 引き合ったり, 反発し合ったりする力。

▶**電気の力** こすった下じきなどによって, 物体が引き寄せられたり, 反発したりする力。

力には, 物体どうしがふれ合ってはたらく力と, はなれた物体にはたらく力があるよ。それぞれの力をしっかり覚えておこう。

教科書 p.173

説明しよう

身のまわりで見られる教科書173ページの図6の現象について，なぜこのようなことが起こるのか説明しよう。

● 解答(例)

・スポンジの上に鉄球をのせると，スポンジがへこむ。

…鉄球の力によって下向きにおされたため，スポンジは変形した。鉄球には，スポンジが垂直におし返す垂直抗力とスポンジの弾性の力がはたらいているため，スポンジから落ちない。

・こすった下じきを頭に近づけると，かみの毛が引かれる。

…こすった下じきにたまった電気の力によって，かみの毛は引き寄せられた。

・同じ極どうしの磁石を近づけると，宙にうく。

…同じ極どうしは反発し合う磁石の力がはたらき，磁石は支えられ，宙にういた。

○ 解説

物体どうしがふれ合ってはたらく力には，垂直抗力，弾性の力(弾性力)，摩擦力がある。また，はなれた物体にはたらく力には，重力，磁石の力(磁力)，電気の力がある。これらの力がはたらくと，①物体の形を変えるようす，②物体の運動の状態を変えるようす，③物体を支えるようすが観察できる。

 教科書 p.175

活用　学びをいかして考えよう

身のまわりで，弾性力や摩擦力などを利用している事例をさがし，どのようなはたらきをしているかを説明しよう。

● 解答(例)

・弾性の力(弾性力)

…ゴムまりをつくと，地面におしつけられた力でゴムまりが変形する。ゴムまりのもとにもどろうとする弾性の力(弾性力)が地面をおし，それに逆らって地面がゴムまりをおし返す力が，ゴムまりの運動の向きを変えるはたらきをして，はね返る。

・摩擦力

…自転車のブレーキは，車輪とブレーキが接する面で，車輪の運動の向きと逆向きの摩擦力をはたらかせている。これによって，車輪の運動を止めるはたらきをする。

○ 解説

弾性の力(弾性力)は，力によって変形させられた物体がもとにもどろうとするとき，もとにもどる向きにはたらく力である。ゴムやばねがもとにもどろうとする力を利用したものなどがある。

摩擦力は，面と接しながら運動する物体に，面から運動をさまたげる向きにはたらく力である。利用例として，乗り物のブレーキやすべり止めなどがある。

単元 **3**

身のまわりの現象

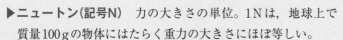

第 **2** 節 **力のはかり方**

要点のまとめ ✏

▶**ニュートン（記号N）** 力の大きさの単位。1Nは，地球上で質量100gの物体にはたらく重力の大きさにほぼ等しい。

▶**グラフのかき方**

横軸・縦軸を作成する

①実験で「変化させた量」を横軸に，「変化した量」を縦軸にとって，見出しと単位を書く。

②測定値の最大の値から，グラフが正方形に近い形になるように，横軸と縦軸に等間隔に目盛りを入れる。

測定値を記入する

③縦軸と横軸の目盛りに合うように，測定値を●や×で正確に記入する。

④測定値には**誤差**（真の値とのずれ）があることを考えて，曲線のような変化なのか，直線のような変化なのかを判断する。

曲線または直線を引く

⑤**全ての測定点のなるべく近く**を通るように，なめらかな曲線または直線を引く。このとき，目安として，線の上下に，同じ数の測定点がくるようにすると引きやすい。

▶**フックの法則** ばねののびは，ばねに加わる力の大きさに比例する。

●**フックの法則**

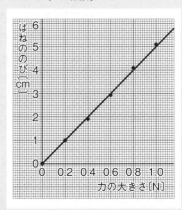

フックの法則は，発見者であるイギリスのロバート・フックに由来する名前だよ。

教科書 p.177〜p.178

実験5

力の大きさとばねののびの関係

● **結果（例）**

おもりの数〔個〕		0	1	2	3	4	5
ばねののび〔cm〕	A	0	0.50	1.05	1.44	1.93	2.57
	B	0	1.00	1.92	2.90	4.05	5.08

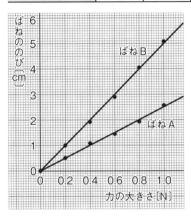

※ばねを引く力はおもりにはたらく重力によって決まるので、質量が100gのおもりにはたらく重力の大きさを1Nとして、おもりの質量から力の大きさを求め、横軸を「力の大きさ」としたグラフ。

○ **結果の見方**

●おもりの数を増やすと、ばねののびはどうなったか。

　おもりの数を増やすと、ばねののびは大きくなった。

●ばねAとばねBを比べて、ばねののびにちがいはあったか。

　ばねAとばねBを比べると、おもりの数が同じでも、ばねBの方がのびが大きかった。

○ **考察のポイント**

●まずは自分で考察しよう。わからなければ、教科書178ページ「考察しよう」を見よう。

　①おもりの数を2個、3個と増やしていくと、ばねののびはどうなったか。

　②ばねAとばねBに、同じ数のおもりをつるして比べたとき、ばねののびはどうなったか。

　③おもりの数とばねののびには、規則性があったか。

　おもりの数が2個、3個、…となり、ばねにはたらく力が2倍、3倍、…となると、ばねののびも2倍、3倍、…となる。つまり、ばねにはたらく力とばねののびは**比例**する（**フックの法則**）。この関係は、ばねの強さが変わってもなり立つ。

　ばねを引く力の大きさに対して、ばねののびる割合は、ばねによって異なる。

○ **解説**

　グラフをかくとき、測定点から比例の関係にあると推測できるので、測定値には誤差があることも考えて、折れ線ではなく、直線を引くようにする。

単元 **3** 身のまわりの現象

教科書 p.179

活用　学びをいかして考えよう

より重いおもりを測定するには，どのようなばねを使ったらよいだろうか。

● 解答（例）

ばねを引く力の大きさに対して，ばねののびる割合が小さいばねを使うとよい。

○ 解説

　より重いおもりはばねを引く力が大きくなるので，ばねを引く力の大きさに対してばねののびる割合が小さいばねで測定することができる。

第3節　力の表し方

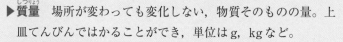

要点のまとめ

▶**質量**　場所が変わっても変化しない，物質そのものの量。上皿てんびんではかることができ，単位はg，kgなど。

▶**重力と質量**

・**重力の大きさ**

　はかる場所や天体によって変化する。ばねばかりではかることができる。単位はNを用いる。

・**質量と重力の大きさのちがい**

　1円玉は1gである。これは質量で，場所が変わっても変化しない。どこではかっても上皿てんびんで，1gの分銅とつり合う。

　1円玉600個をばねばかりではかると，地球上では6N，月面上では1Nとなる。これは，重力の大きさは，月面上では地球上の約$\frac{1}{6}$になるからである。

▶**力の表し方**　物体にはたらく力は，次の3つの要素をもち，点と矢印で表す。

①矢印のはじまり…**力のはたらく点（作用点）**

②矢印の向き…**力の向き**

③矢印の長さ…**力の大きさ**

● **力の表し方（力の矢印）**

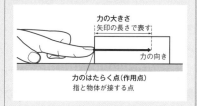

教科書 p.181

活用 学びをいかして考えよう

教科書177ページの実験5で使用したばねを使ってばねばかりを自作する方法を考えよう。

● 解答（例）

①ものさしに，白い紙をはりつける。

②ものさしの0の目盛りのところに，指標の位置がくるように，ばねを固定する。

③白い紙に，ばねののびに合わせて，力の大きさの目盛りを書き入れる。

◎ 解説

教科書178ページで学習した，ばねののびは，ばねを引く力の大きさ（物体にはたらく重力の大きさ）に比例することを利用する。右図は，実験5で使用したばねBを用いたときの例である。

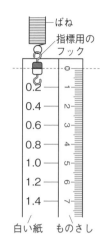

単元 **3** 身のまわりの現象

 教科書 p.181

確認

教科書181ページの下図の①～③の場面で，それぞれO点にはたらいている力を，力の矢印で表しなさい。

● 解答（例）

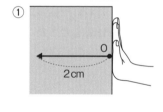

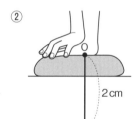

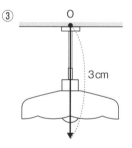

◎ 解説

①力のはたらく点（作用点）…O点，力の向き…左向き，力の大きさ…2N（2cm）の矢印

②力のはたらく点（作用点）…O点，力の向き…下向き，力の大きさ…200N（2cm）の矢印

③力のはたらく点（作用点）…O点，力の向き…下向き，力の大きさ…30N（3cm）の矢印

いずれも，力のはたらく点（作用点）の場所に注意する。

第4節 力のつり合い

要点のまとめ

▶**力のつり合い** 1つの物体に2つの力が同時にはたらいて，物体が静止しているとき，2つの力は「**つり合っている**」という。

▶**1つの物体にはたらく2力のつり合いの条件**
①2力が一直線上にある。
②2力の大きさが等しい。
③2力の向きが逆向きである。
この3つの条件を全て満たしたとき，2力はつり合う。

●**1つの物体にはたらく2力の**
つり合いの条件

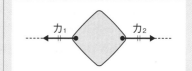

 教科書 p.182～p.183

実験6
1つの物体にはたらく2つの力

◎ **結果の見方**

●2個のばねに引かれるそれぞれの糸の向きは，どうなったか。

●糸を引く2つの力の大きさは，どうなったか。

　厚紙が動かなくなったとき，それぞれの糸の向きは**逆向き**で，厚紙のあな，糸，ばねは**一直線上**にあった。また，それぞれのばねののびは同じ長さになり，糸を引く**2つの力の大きさは等しかった**。

　糸をつけるあなの位置や厚紙の形を変えても結果は同じだった。

◎ **考察のポイント**

●力を加えても厚紙が動かないとき，糸を引く2つの力には，どのような関係があるか。

　厚紙が動かないとき，2つの力は，①一直線上にある，②大きさが等しい，③力の向きが逆向きであるという関係にあり，2つの力は「**つり合っている**」といえる。

◎ **解説**

　厚紙にはたらく2つの力がつり合っているとき，厚紙は力がはたらいていないのと同じ状態になり，運動の状態は変化しない。

教科書 p.184

活用　学びをいかして考えよう

飛行機を30人で引っ張っても動かないのは，なぜだろうか。どうしたら動かせるだろうか。

解答（例）

　飛行機を引っ張る力の大きさと等しい摩擦力が，引っ張る力と一直線上で逆向きにはたらいているため，動かない。動かすためには，人を増やして引っ張る力を大きくしたり，飛行機と地面の間に何か物をしくなどして摩擦力を小さくしたりすることが考えられる。

解説

　2力のつり合う3つの条件を満たしている物体は静止状態のままである。物体を引いて動かそうとする力に対して，面から物体の運動をさまたげる向きにはたらく力が摩擦力である。

 教科書 p.185　　　**章末　学んだことをチェックしよう**

❶ 日常生活のなかの力

　力には，物体の（　　）を変える，物体の（　　）の状態を変える，物体を（　　）える，という3つのはたらきがある。

解答（例）

　形，運動，支

解説

　物体のようすや変化を観察し，物体の形を変える，物体の運動の状態を変える，物体を支える，という3つのはたらきが観察できるとき，力がはたらいているといえる。

❷ 力のはかり方

　力の大きさは，ばねの（　　）で調べることができる。ばねの（　　）が大きいほど，ばねにはたらく力は（　　）なる。

解答（例）

　のび，のび，大きく

解説

　ばねののびは，ばねを引く力の大きさに比例する。これをフックの法則という。

単元 **3** 身のまわりの現象

❸ 力の表し方

　力の３つの要素とは，矢印の長さで表される力の（　　），矢印の向きで表される力の（　　），力のはたらく点を表す（　　）の３つである。

● 解答（例）

大きさ，向き，作用点

○ 解説

　力の矢印は，作用点を始点とし，作用点にはたらく力の向きを矢印の向きとし，力の大きさに比例した長さで表す。物体全体にはたらく重力の場合，作用点は物体の中心とする。

❹ 力のつり合い

　２力が１つの物体にはたらいているときのつり合いの条件は，２力が（　　）上にあり，２力の（　　）が等しく，向きが（　　）向きである。

● 解答（例）

一直線，大きさ，逆

○ 解説

　２力のつり合いの条件を全て満たした場合，力がはたらいていないのと同じ状態になり，物体の運動の状態は変化しない。

 教科書 p.185　　**章末　学んだことをつなげよう**

　教科書171ページで例示された日常生活のなかの力を，力のはたらきの視点から，次の①〜③に分類しよう。
　①物体の形を変えているもの
　②物体の運動の状態を変えているもの
　③物体を支えているもの

● 解答（例）

・上段左　ボールをける→①，②
・上段右　粘土をこねる→①
・中段左　ラグビーのスクラム→②，③
・中段右　ボールをバットで打つ→①，②
・下段左　もちつきの杵→①
・下段右　段ボール箱を持つ→③

○ 解説

　力がはたらいていると，物体は３つのはたらきのいずれかを受ける。

教科書 p.185

Before & After

力とは何だろうか。

● 解答（例）

　物体の形を変えたり，物体の運動の状態を変えたり，物体を支えたりするはたらきをするものであり，力は作用点，向き，大きさの３つの要素をもつ。

○ 解説

　力のはたらきは３つに分けられ，物体のようすや状態を変化させる。１つの物体に２力がはたらくこともあるが，２力がつり合った状態だと力がはたらいていないのと同じ状態になり，運動の状態は変化しない。

定着ドリル　第3章　力の世界

　下図の①〜③の場面で，それぞれO点にはたらいている力を，力の矢印で表しなさい。

①ばねを，手が引く30Nの力
　（10Nを1cmとする。）

②かばんを，手が持つ25Nの力
　（10Nを1cmとする。）

③150gの物体にはたらく重力
　（1Nを1cmとする。）

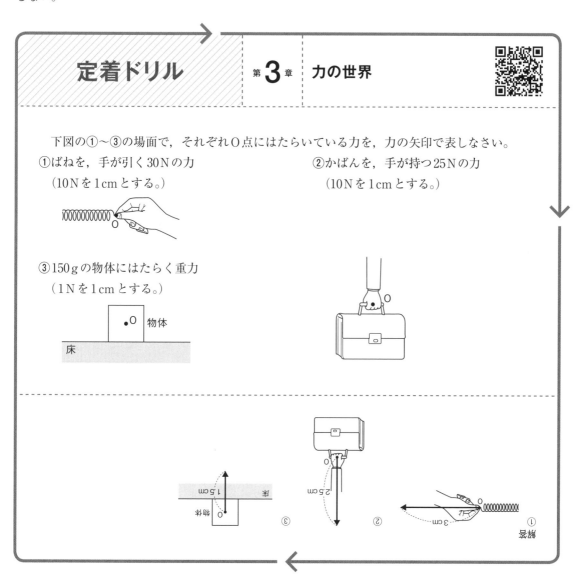

定期テスト対策　第3章　力の世界

解答　p.187

/100

1　次の問いに答えなさい。

①机の上に置かれている物体に，接している面から垂直にはたらく力を何というか。

②輪ゴムを引っ張ると，輪ゴムからもとにもどる向きに力がはたらく。この力を何というか。

③地球が物体を引く力を何というか。

④机の上で物体をすべらせたとき，物体の運動をさまたげる向きに面からはたらく力を何というか。

⑤1つの物体にはたらく2力がつり合う条件を3つ書きなさい。

2　力には，次の3つのはたらきがある。①～④の下線の物体にはたらく力を，次の**ア～ウ**から選び，記号で答えなさい。

ア　物体の形を変える。　　**イ**　物体の運動の状態を変える。

ウ　物体を支える。

①床をすべらせた物体の運動がだんだん遅くなる。

②上に持ち上げられた状態のバーベル。

③斜面に置いたボールが転がり始める。

④弓のつるに矢をあてがって引きしぼる。

3　図1は磁石BとCが宙にういている磁石で，図2は机の上に静止している1.5kgのおもりである。次の問いに答えなさい。

①図1の3つの磁石の間にはたらいている力は何か。

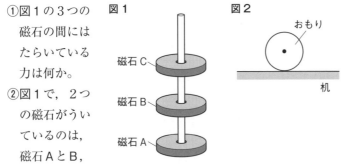

②図1で，2つの磁石がういているのは，磁石AとB，磁石BとCの間にどのような力がはたらいているからか。

③図1で，磁石Cが受ける力のはたらきを，次の**ア～ウ**から選び，記号で答えなさい。

ア　物体の形を変える。　　**イ**　物体の運動の状態を変える。

ウ　物体を支える。

④図2で，おもりにはたらく重力を矢印で表しなさい。ただし，5Nを1cmとし，•はおもりの中心を表している。

1　　　　　　　　　計27点

①		3点
②		3点
③		3点
④		3点
⑤		5点
		5点
		5点

2　　　　　　　　　計16点

①		4点
②		4点
③		4点
④		4点

3　　　　　　　　　計17点

①		4点
②		4点
③		4点
④	作図	5点

4 図は，あるばねに力を加えたときの力の大きさとばねののびの関係を示したものである。次の問いに答えなさい。

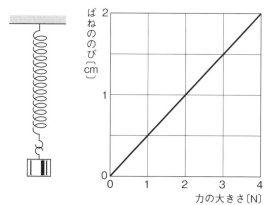

ばねののび〔cm〕（縦軸）／力の大きさ〔N〕（横軸）

①ばねを引く力の大きさと，ばねののびにはどのような関係があるか。

②①のような関係がなり立つことを何の法則というか。

③このばねに7Nの力を加えるとばねののびは何cmになるか。

④このばねに力を加えないときの長さは5.0cmであった。ある力を加えるとばねの長さは6.5cmになった。このとき加えた力は何Nか。

⑤このばねに440gのおもりをつるすと，ばねの長さは何cmになるか。ただし，質量100gの物体にはたらく重力の大きさは1Nとする。

<table>
<tr><td>4</td><td colspan="2">計20点</td></tr>
<tr><td>①</td><td></td><td>4点</td></tr>
<tr><td>②</td><td></td><td>4点</td></tr>
<tr><td>③</td><td></td><td>4点</td></tr>
<tr><td>④</td><td></td><td>4点</td></tr>
<tr><td>⑤</td><td></td><td>4点</td></tr>
</table>

単元 3 身のまわりの現象

5 図のばねばかりで調べた物体の質量は540gである。次の問いに答えなさい。ただし，質量100gの物体にはたらく重力の大きさは1Nとし，月面上の重力は地球上の重力の $\frac{1}{6}$ とする。

①地球上では，ばねばかりは何Nを示すか。

②月面上では，ばねばかりは何Nを示すか。

③上皿てんびんを使うと，この物体は月面上で，何gの分銅とつり合うか。

④ばねばかりではかることができるのは物体にはたらく何か。

⑤上皿てんびんではかることができるのは物体の何か。

<table>
<tr><td>5</td><td colspan="2">計20点</td></tr>
<tr><td>①</td><td></td><td>4点</td></tr>
<tr><td>②</td><td></td><td>4点</td></tr>
<tr><td>③</td><td></td><td>4点</td></tr>
<tr><td>④</td><td></td><td>4点</td></tr>
<tr><td>⑤</td><td></td><td>4点</td></tr>
</table>

教科書 p.190

確かめと応用　単元 **3**　身のまわりの現象

1 光の反射

下図は，ろうそくの炎（ほのお）を鏡にうつして見たときの光が進む道筋を表したものである。

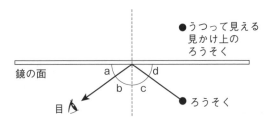

❶入射角と反射角を，図中の a 〜 d からそれぞれ選びなさい。

❷鏡にうつるろうそくの炎の見かけの位置からの光の道筋を，図中に破線でかき入れなさい。

❸鏡にうつるろうそくの炎の見かけの位置は，鏡の奥（おく）のどのような位置にあるように見えるか説明しなさい。

● 解答（例）

❶入射角…c

　反射角…b

❷

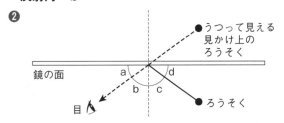

❸鏡にうつるろうそくは，鏡の面に対して垂線を引いた距離（きょり）と同じだけ，奥にあるように見える。

◎ 解説

❶鏡の面に対して垂線（垂直な線）と入射した光のつくる角を入射角，反射した光がつくる角を反射角といい，入射角と反射角の大きさは等しい。

❷鏡にうつって見えるろうそくの像は，鏡の面に対して実物と対称（たいしょう）の位置から目に光が届くように見える。よって，見かけ上のろうそくから，反射した光の道筋を通り，目に届く光の道筋をかく。

❸実物と見かけ上のろうそくは鏡の面に対して対称の位置にある。よって，鏡の面に対して，実物から引いた垂線と見かけ上のろうそくから引いた垂線の長さは等しい。鏡の面で折り曲げると，実物とろうそくの像の位置はぴたりと重なる。

確かめと応用 単元 **3** 身のまわりの現象

2 光の屈折

図1と図2は，屈折する光の進み方について模式的に表したものである。

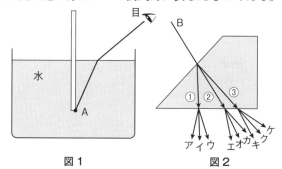

図1　　　**図2**

❶図1は，水中の物体を見たとき，実際より短く見えることを図で表したものである。目で見たとき，水中にあるA点はどこにあるように見えるか。その位置を，破線を使ってA′として，図1中にかき入れなさい。

❷図2で，空気中のBの位置から光が透明な台形のアクリル板に入射するとき，光はどの方向に進むか，図中の①～③から選びなさい。

❸❷の後，アクリル板から空気中に出るとき，どの方向に進むか，図中のア～ケから選びなさい。

● **解答（例）**

❶

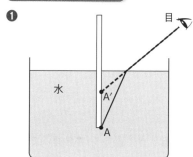

❷③

❸ケ

○ **解説**

❶物体のA点で反射した光は，水面に達すると，図1のように屈折して目に届くが，目には，屈折した光の道筋を逆にのばした位置（A′）にA点があって，光が直進してくるように見える。

❷❸光が入るアクリル板の面に垂直な線と入射した光がつくる入射角，屈折した光がつくる屈折角の関係を考える。光は空気側から透明な物体に入射するとき，入射角＞屈折角となるので，③の方向に進む。透明な物体から空気中に入射するとき，入射角＜屈折角となるので，③の道筋の光は，ケの方向に進む。

📖 教科書 p.190

確かめと応用 ┊ 単元 **3** ┊ 身のまわりの現象

❸ レンズのはたらき

下図のように，焦点距離が10 cmの凸レンズの左側30 cmのXの位置にＰの字がかかれた光源を凸レンズに向けて置き，凸レンズの方へ少しずつ近づけていった。その後，はっきりとした像ができるようにスクリーンを動かした。

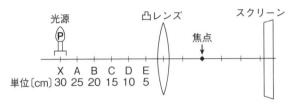

❶光源から出た光が凸レンズで屈折してスクリーン上にできる像を何というか。

❷光源を凸レンズに少しずつ近づけたとき，スクリーン上にできる像の大きさはどう変化するか。

❸光源と同じ大きさではっきりとした像がスクリーン上にできるときの光源の位置を，図中のA〜Eから選びなさい。

❹❸のとき，スクリーン上ではどんな像ができるか。凸レンズ側から見たときの像を，次のア〜エから選びなさい。

ア **Ｐ**　イ **ｂ**　ウ **ｑ**　エ **ｂ**

❺光源をさらに凸レンズに近づけていったところ，ある位置を境にスクリーン上に像ができなくなった。その位置を，図中のA〜Eから選びなさい。

❻光源をEの位置まで移動させ，スクリーンの方から凸レンズをのぞいて光源を見ると，光源が大きく拡大された像が同じ向きに見えた。この像を何というか。

● 解答（例）

❶実像　　❷大きくなる。　　❸B　　❹イ　　❺D　　❻虚像

◎ 解説

❶❷光源が焦点（レンズの中心から2目盛り分のDの位置）より外側にあるとき，凸レンズを通って光が集まって像ができる。これを実像という。光源をAからDへと近づけたとき，像のできるスクリーンの位置は凸レンズより遠くなり，像の大きさは大きくなっていく。

❸光源が焦点距離の2倍の位置（レンズの中心から4目盛り分のBの位置）にあるとき，像のできるスクリーンの位置も焦点距離の2倍の位置にあり，像の大きさは光源と同じ大きさになる。

❹光源が焦点の外側にあるので実像ができる。光源の左側から光源を見ると「Ｐ」と見えるので，凸レンズ側から見たスクリーン上の実像は，その「Ｐ」に対して上下左右が逆向きである。

❺❻光源が焦点上（Dの位置）にあるとき，像はできない。Dの位置より内側にあるとき，スクリーンの上に像はできないが，スクリーン側から凸レンズをのぞくと，虚像が見える。

確かめと応用 ｜ 単元 3 ｜ 身のまわりの現象

4 音の大きさと高さ

図1のように，おんさをたたいて音を出したときの音の大きさと高さを調べ，調べた音をコンピュータで観察した。図2はそのとき観察された波形であり，縦軸は振幅，横軸は時間を表している。

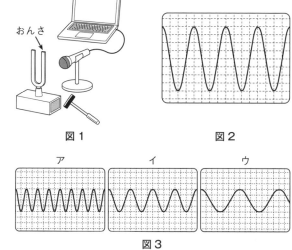

図1　　　　図2

ア　　　　イ　　　　ウ

図3

❶しばらくして音が小さくなったとき，再びコンピュータで波形を観察した。そのときの音の波形を，図3のア～ウから選びなさい。

❷このおんさと同じ高さの音を出すおんさを向かい合わせに置いた。一方のおんさの音を出した後，そのおんさにふれて音を止めた。このとき，もう一方のおんさが鳴っていた。そのときの音の波形を，図3のア～ウから選びなさい。

❸このおんさにおもりをつけてたたくと，音が低くなった。そのときの音の波形を，図3のア～ウから選びなさい。

❹図2のグラフの横軸の1目盛りが0.001秒を表しているとき，おんさの振動数は何Hzになるか。

● 解答（例）

❶イ　　❷イ　　❸ウ　　❹250Hz

◎ 解説

❶音は，振幅が大きくなると大きくなり，振動数が多くなると高くなる。反対に，振幅が小さいと小さくなり，振動数が少ないと低くなる。図2の波形の音と高さは同じで，小さい音になるので，図2と振動数が同じで，振幅が小さい波形（イ）になる。

❷音の高さが同じなので，図2と振動数が同じ波形（イ）になる。

❸低い音なので，図2より振動数が少ない波形（ウ）になる。アの波形は図2より振動数が多いので，高い音である。

❹振動数は1秒間に振動する回数である。1回の振動に4目盛り分かかっているので，

$1 \div (0.001 \times 4) = 250$ より，250Hz となる。

確かめと応用　単元**3**　身のまわりの現象

5 音の伝わり方

雷のようすをビデオカメラで撮影した。いなずまが見えてから,音が聞こえるまでの時間をストップウォッチではかったら2.5秒だった。

❶いなずまと音がずれるのはなぜか。「光」と「音」という言葉を使って説明しなさい。

❷いなずままでの距離を求めなさい。ただし,空気中の音の速さは秒速340mとする。

● 解答(例)

❶空気中での音の伝わる速さが,光の速さに比べてはるかにおそいため。

❷850m

○ 解説

　光の速さはたいへん速い(秒速約30万km)ので,雷が発生すると同時にいなずまが見えると考えてよい。そのため,いなずまが見えてから音が聞こえるまでの時間が,音が伝わるのにかかった時間である。よって,速さとかかった時間からいなずままでの距離を求めると,340m/s×2.5s＝850mとなる。

確かめと応用　単元**3**　身のまわりの現象

6 力のはかり方

図1のように,方眼紙の前にばねをつるして,0.1Nの重力がはたらくおもりの数を増やしながら,ばねののびを測定した。図2は,このときの測定値を•印でグラフに記入したものである。

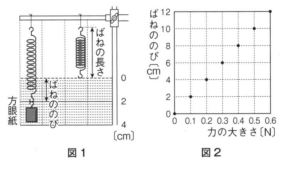

図1　　　図2

❶ばねがのびたのは,力のどのはたらきによるものか説明しなさい。

❷測定点をもとに,図2中に線をかき入れなさい。

❸このばねにボールペンをつるすと,ばねののびが6.8cmになった。このボールペンにはたらく重力の大きさは何Nか。

❹月面上でこのばねに150gの荷物をつるしたら,ばねののびは何cmになると考えられるか。100gの物体にはたらく重力の大きさを1Nとし,月面上での重力の大きさを地球上の$\frac{1}{6}$とする。

◯ 解答(例)

❶ばねがのびたのは，力の物体の形を変えるはたらきによる。

❷
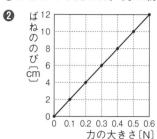

❸0.34 N

❹5 cm

◯ 解説

❶力には，①物体の形を変える，②物体の運動の状態を変える，③物体を支える，という3つのはたらきがある。ばねは形が変わると，もとにもどろうとする弾性（だんせい）があり，ばねばかりはこの性質を利用している。

❷グラフは原点を通る直線になり，ばねののびはばねを引く力の大きさに比例することがわかる。

❸ばねののびとばねを引く力の大きさは比例の関係なので，比例式を利用する。図2のグラフより，ばねは0.1 Nの力で2 cmのびることがわかる。ボールペンがばねを引く力を x とすると，

$x : 6.8\,\text{cm} = 0.1\,\text{N} : 2\,\text{cm}$

$x = 0.1\,\text{N} \times 6.8\,\text{cm} \div 2\,\text{cm} = 0.34\,\text{N}$

❹150 gの荷物に対して月面上ではたらく重力の大きさは，地球上の $\frac{1}{6}$ なので，

$150 \div 100 \times \frac{1}{6} = 0.25$ より，0.25 Nである。

この荷物を月面上でつるしたときのばねののびを y とすると，

$0.25\,\text{N} : y = 0.1\,\text{N} : 2\,\text{cm}$

$y = 0.25\,\text{N} \times 2\,\text{cm} \div 0.1\,\text{N} = 5\,\text{cm}$

📖 教科書 p.191

確かめと応用 ｜ 単元 **3** ｜ 身のまわりの現象

7 力の表し方

右図のように，水平なゆかの上に物体がある。図中のア〜ウの矢印は，物体やゆかにはたらく力を表しており，同一直線上にはたらく力であっても，矢印が重ならないように示している。以下の問いについて最も適当なものを，図中のア〜ウからそれぞれ選びなさい。

❶物体にはたらく重力はどれか。

❷ゆかからはたらく垂直抗力（こうりょく）はどれか。

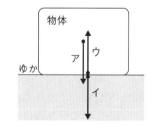

● **解答（例）**

❶ア

❷ウ

○ **解説**

　地球から物体全体にはたらく重力は，物体の中心を作用点とし，下向きの矢印で表すので，アである。垂直抗力は，ゆかの面から物体に向かって垂直の向きにはたらく力なので，ウである。イは物体がゆかの面をおす力を表している。

教科書 p.191

確かめと応用 ｜ 単元 **3** ｜ 身のまわりの現象

⑧ 力のつり合い

　下図のように，正方形の厚紙に2つのあなをあけ，それぞれのあなにばねばかりをとりつけて水平に置いた。それぞれのばねばかりを水平方向に全体が静止するまでゆっくり引いた。

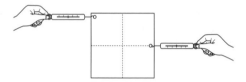

❶全体が静止したときの厚紙とばねばかりの向きとして最も適当なものを，次のア〜エから選びなさい。

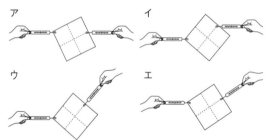

❷静止した状態で左のばねばかりの値が1.5Nだったとき，右のばねばかりの値は何Nか。

● **解答（例）**

❶ア

❷1.5N

○ **解説**

❶全体が静止した状態では，厚紙にはたらく2力がつり合っている。2力がつり合っているときは，①2力が一直線上にある，②2力の大きさが等しい，③2力の向きが逆向きである，という条件を全て満たしている。イは2力が一直線上になく，ウとエは2力が一直線上になく，力の向きが逆向きになっていないので，全体は静止しない。

❷つり合っている2力の大きさは等しい。

確かめと応用 | 単元 **3** | 身のまわりの現象

1 レンズのはたらき

とおるさんとれいさんは，光学台を用いてA〜Cの3種類の凸レンズの性質を調べる実験を行った。

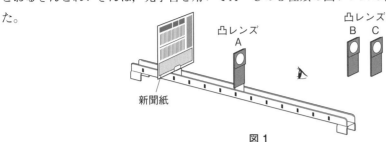

図1

図1のように，凸レンズから20cmはなれたところに新聞紙を置き，反対側の凸レンズから20cmはなれたところから凸レンズをのぞいたところ，結果は図2のようになった。

凸レンズA
新聞紙の文字が
上下左右逆向き
に見えた。

凸レンズB
ぼやけて文字は
見えなかった。

凸レンズC
文字が大きく見
えた。

図2

とおるさんとれいさんは，凸レンズの性質について相談しながら以下のように考えた。

とおる「のぞいたときに見えたものがちがったのは，凸レンズを通った後の光の進み方がそれぞれちがうからかな。例えば，凸レンズBは像がぼやけているから，図3のように光が進むと考えられないかな。」

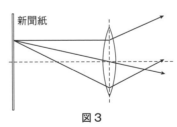

新聞紙

図3

れい「それはちがうと思うよ。凸レンズに入射した光の進み方には次の3つの決まりがあるよ。（ ア ）」

❶れいさんは凸レンズを通るときの光の進み方の決まりについて，とおるさんに説明した。会話文の（ ア ）の中に入る説明を文章で書きなさい。

引き続き，とおるさんとれいさんは話し合った。

とおる「なるほど，光の進み方の決まりから図3のようにはならないね。では，何がちがうのかな。もう少し観察してみよう。」

れい「レンズを横から見ると（図4），それぞれの凸レンズの厚さや，カーブの曲がり具合がちがうね。」

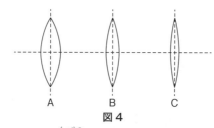

図4

とおる「もしかすると，図5のように屈折する角度が変わるのかもしれないよ。」

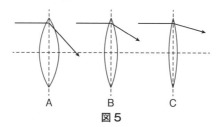

図5

れい「進み方の決まりは変わらず，屈折する角度が変わるのなら，焦点距離も変わるんじゃないかな。『凸レンズの種類によって，屈折する角度が変わり，焦点距離が変わる』という仮説を立てて，凸レンズの焦点距離をそれぞれ調べてみよう。」

❷とおるさんとれいさんは，図6のような装置をつくった。この装置は凸レンズの光軸に目盛り線が入っており，凸レンズの中心からの距離がわかるしくみになっている。この装置で凸レンズに光を入射させ，それぞれの凸レンズの焦点距離を求めるとき，どのような光を入射させて調べるとよいか。次のア〜エから1つ選び，その理由も説明しなさい。ただし，光源の位置と凸レンズの位置は固定し，凸レンズだけを入れかえるものとする。

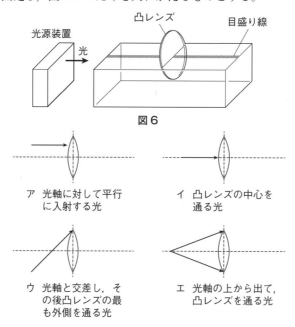

実験の結果，凸レンズを通った光は屈折し，Aは10cm，Bは20cm，Cは50cmのところで光軸と交わった。実験結果について，とおるさんとれいさんは，次のように考察した。

とおる「A，B，Cの凸レンズは，どれも入射した光の進み方の決まりは同じだけれど，屈折する角度がちがったね。」

れい「屈折する角度が大きいほど，焦点距離は短くなるんだね。私たちが立てた仮説の通り，3種類の凸レンズは，それぞれ焦点距離がちがうから，のぞいたときに見えたものがちがったんだね。」

❸A，B，Cの凸レンズの焦点距離を求めなさい。

❹2人は実験の結果を受けて，さらに図2のA〜Cの見え方について考察した。次のア〜エの考察のうち，誤っているものを1つ選びなさい。

ア Aは，新聞紙の文字と同じ大きさで，上下左右が逆向きに見える実像ができる。

イ Bは，凸レンズをのぞくときの目の位置を凸レンズに近づければ，虚像を見ることができる。

ウ Cは，虚像で，像の向きは新聞紙の向きと同じである。

エ Cは，凸レンズをのぞくときの目の位置を凸レンズから遠ざけても，虚像を見ることができる。

3種類の凸レンズのいずれか1つを用いて，光の実験で使用する光源装置をつくろうと考えた。光源装置は，電球から出た光を凸レンズに通すことで，光軸に平行に進む光をつくる装置である。

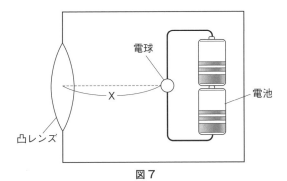

電球

電池

凸レンズ

X

図7

❺図7は光源装置の内部を簡単に示した図である。装置内のXの距離を最も短くして本体をコンパクトにするためには，A，B，Cのどのレンズを使用するとよいか。1つ選び，理由を説明しなさい。

● 解答(例)

❶凸レンズの光軸に平行な光は，凸レンズの逆側の焦点を通る。凸レンズの中心を通る光は，そのまま直進する。焦点を通る光は，凸レンズを通った後，光軸と平行に進む。

❷ア

(理由)光軸に対して平行に入射する光は，凸レンズを通った後，凸レンズの逆側の焦点を通るため。

❸A…10cm　　B…20cm　　C…50cm

❹イ

❺A

(理由)焦点距離が短いから。

○ 解説

❶凸レンズを通った光の進み方を図で示すと下図のようになる。

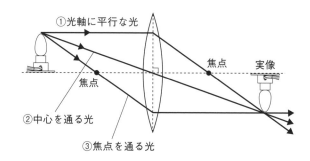

❷❸焦点距離とは，凸レンズの中心から焦点までの距離のことである。❶の解答からわかるように，光軸に対して平行に入射した光は，凸レンズを通った後，逆側の焦点を通る決まりがあるので，その光が光軸と交わった位置の目盛りを読みとれば焦点距離がわかる。よって，それぞれのレンズの焦点距離は，Aが10cm，Bが20cm，Cが50cmである。

❹図1では，凸レンズから20cmはなれたところに新聞紙(光源)が置いてある。よって，各レンズの焦点距離と光源の位置の関係，像のでき方をまとめると，次のようになる。

	焦点距離	光源の位置	像の大きさ・向き	像の種類
A	10cm	焦点距離の2倍	大きさ…光源と同じ大きさ 向き…光源と上下左右が逆向き	実像
B	20cm	焦点上	像はできない	―
C	50cm	焦点距離の0.4倍	大きさ…光源より大きい 向き…光源と上下左右が同じ向き	虚像

ア，ウ…上の表より，正しい。

イ…上の表より，焦点上に光源があるため，実像もできず，虚像も見えない。よって，目の位置を変えても虚像は見えないので，誤り。

エ…光源と凸レンズの距離が焦点距離より短いとき，光源の反対側から凸レンズをのぞくと，目の位置と関係なく虚像が見えるので，正しい。

❺図7の装置の電球が焦点の位置にあれば，❶の解答の光の進み方の決まりより，焦点を通る光は，凸レンズを通った後，光軸と平行に進む。したがって，図7のXは焦点距離と等しいから，Xを最も短くするためには，焦点距離が一番短い凸レンズAを使うとよい。

この単元で学ぶこと

第1章 火をふく大地

火山の形や噴火のようすがマグマの性質によって変わること，マグマの冷え方で異なる火成岩のつくり，および火山灰のつくる地層からわかることを学ぶ。

第2章 動き続ける大地

地震のゆれの伝わり方，大きさを知り，地震が起こるしくみについて学ぶ。

第3章 地層から読みとる大地の変化

地層にふくまれる堆積岩や化石などの観察から，その地層が堆積した当時のようすを推測し，地層のでき方や大地の変動について学ぶ。

第1章 火をふく大地

これまでに学んだこと

▶ **火山**(小6)　火山が**噴火**すると，火口から**溶岩**が流れ出したり火山灰がふき出したりする。

▶ **火山からふき出した物**(小6)　火山のはたらきで，火山灰などが積もった地層ができることがある。

▶ **火山の噴火で起こること**(小6)　火山の噴火によって，大地のようすが変化し，さまざまな災害が起こることがある。

▶ **水にとけていた物をとり出す**(小5)　水にとけている物質は，水溶液の温度を下げたり，水溶液から水を蒸発させたりしてとり出すことができる。

▶ **結晶**(中1)　いくつかの平面で囲まれた，規則正しい形をしている固体。物質によって，結晶の形は決まっている。

●食塩の結晶

火山灰の粒のようすを顕微鏡で見ると，角ばった形をしていたね。

第1節 火山の姿からわかること

要点のまとめ

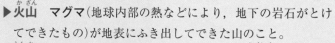

▶ **火山**　マグマ(地球内部の熱などにより，地下の岩石がとけてできたもの)が地表にふき出してできた山のこと。

▶ **噴火**　地下深くにあるマグマが地表付近まで上昇し，マグマにふくまれる高圧のガスが，地表付近の岩石をふき飛ばして始まる現象。火山灰などが地表や空中に噴出したり，マグマが地表に流れ出たりすることがある。

▶ **溶岩**　地下のマグマが地表に流れ出た物。

▶**マグマのねばりけと火山の形**　マグマによって温度や成分が異なるため，そのねばりけにちがいが生じる。マグマのねばりけによって，火山の形や冷え固まった溶岩の色も異なる。

マグマの ねばりけ	弱い	⟷	強い
火山の形	傾斜がゆるやか	⟷	盛り上がった形
溶岩の色	黒っぽい	⟷	白っぽい
火山の例	マウナケア	富士山	雲仙普賢岳 昭和新山

●**マグマのねばりけと火山の形**

・ねばりけが**弱い**

・ねばりけが**中程度**

・ねばりけが**強い**

単元
4

大地の変化

📖 教科書 p.201

活用　学びをいかして考えよう

自分が住む地域から最も近い火山はどのような形をしているか。また，火山の形から，過去にどのような噴火をしたのかを考えよう。

● **解答（例）**

近くにある火山…**昭和新山**

昭和新山の形は，盛り上がった形をしているので，マグマのねばりけが強いと推測できる。火口付近に溶岩ドームとよばれる溶岩のかたまりをつくり，爆発的な激しい噴火が起こることがあると考えられる。

○ **解説**

　マグマのねばりけと火山の形・噴火のようすとの関係は，下の表のように整理できる。この知識をもとに，自分が住んでいる都道府県の火山の形がどれに似ているかを見定めてから，マグマのねばりけと噴火のようすを予想してみる。インターネットなどを利用して，その火山の情報を入手し，自分の考えと比べてレポートにしてみるとよい。

火山の形			
マグマのねばりけ	弱い	⟷	強い
噴火のようす	マグマが流れ出る ようにふき出す。	⟷	爆発的に噴火。 溶岩ドームをつくる。

第2節 火山がうみ出す物

要点のまとめ

▶**噴火のようすと溶岩**

・**マグマのねばりけが弱い**…マグマが火口から流れ出るように
ふき出し、溶岩として流れる。

・**マグマのねばりけが強い**…火口付近に溶岩ドームをつくり、
爆発的な激しい噴火となる。

▶**火山噴出物** 溶岩や**火山灰**，**火山弾**，**火山ガス**など，噴火で
ふき出されるもの。

・**火山灰**…軽くて小さな粒で，風で遠くまで運ばれやすいため，
広い範囲に広がる。

・**火山弾**…噴火でマグマが引きちぎられ，空中で冷え固まった
もの。

・**火山ガス**…マグマの中の気体。主成分は水蒸気。

▶**鉱物** 地球の活動によってできた粒のうち，**結晶**になったも
の。火山噴出物には，マグマが冷えて結晶になった**鉱物**がふ
くまれる。

・**無色鉱物**…石英，長石など

・**有色鉱物**…黒雲母，角セン石，輝石，カンラン石，磁鉄鉱な
ど

> マグマのねばりけが弱い火
> 山の火山灰は黒っぽく，マ
> グマのねばりけが強い火山
> の火山灰は白っぽいことを
> 覚えておこう。

 教科書 p.203〜p.204

観察2

火山灰にふくまれる物

◎ **結果の見方**

●観察した火山灰にふくまれていた粒は，どのような色や形をしていたか。

・火山灰にふくまれていた粒は，色や形のちがうものが何種類かあった。白っぽい色や無色の粒，黒色
や褐色などの粒があり，全体的に角張った形のものが多かった。

・白っぽい粒が多い火山灰と，黒色や褐色などの色のある粒が多い火山灰があった。

◎ **考察のポイント**

●異なる火山の火山灰にふくまれる粒の種類を比べて，火山の形や溶岩の関係を調べよう。

火山の形と溶岩の色との関係は，以下のように考えられる。

①傾斜がゆるやかな火山(マグマのねばりけが弱い)

→溶岩が黒っぽい色なので，噴出した火山灰の粒も黒っぽい物が多い。

②盛り上がった形の火山(マグマのねばりけが強い)

　→溶岩が白っぽい色なので，噴出した火山灰の粒も白っぽい物が多い。

③①と②の中間の形の火山

　→溶岩は，全体に①と②の中間の色なので，噴出した火山灰の粒は黒っぽい物と白っぽい物が同じくらいの割合になる。

第3節　火山の活動と火成岩

要点のまとめ

▶**火成岩**　マグマが冷え固まってできた岩石。**マグマの冷え方のちがいによって，火山岩と深成岩の2つに分けられる。**

▶**火山岩**

・マグマが地表や地表付近で，**急に冷えて固まった岩石。**

・**斑状組織**をもつ。斑状組織は，**石基**(形がわからないほど小さな鉱物の集まりやガラス質の部分)と，**斑晶**(比較的大きな鉱物)からなる。

▶**深成岩**

・マグマが地下深くで，**ゆっくり冷え固まった岩石。**

・**等粒状組織**をもつ。等粒状組織は，同じくらいの大きさの，大きな鉱物が集まってできている。

▶**いろいろな火成岩とマグマのねばりけ**　白っぽい火成岩は白っぽい鉱物を，黒っぽい火成岩は黒っぽい鉱物を多くふくむ。

●**火山岩(斑状組織)**

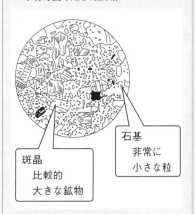

斑晶
比較的
大きな鉱物

石基
非常に
小さな粒

●**深成岩(等粒状組織)**

同じくらいの大きさの
大きな鉱物

火山岩	玄武岩	安山岩	流紋岩
深成岩	はんれい岩	せん緑岩	花こう岩
色	黒っぽい	⟵　　⟶	白っぽい
マグマのねばりけ	弱い	⟵　　⟶	強い

単元
4
大地の変化

教科書 p.207

観察3

火成岩の観察

○ **結果の見方**

●**安山岩（火山岩）と花こう岩（深成岩）の粒のようすにちがいはあるか。**

・安山岩は，形がはっきりしない灰色っぽい粒の集まりの中に，やや大きな黒色・白色の鉱物の粒があった。

・花こう岩の方が安山岩より，ひとつひとつの鉱物の粒の大きさが大きく，黒色，白色，無色の大きな鉱物が集まっていた。

●**深成岩はどのような色をしているか。**

深成岩のうち，花こう岩は全体的に白っぽい色を，はんれい岩は全体的に黒っぽい色をしていた。せん緑岩はその中間の灰色っぽい色だった。

○ **考察のポイント**

●**深成岩に色のちがいがあるのはなぜだろうか。**

・白っぽい色をしている花こう岩は，無色鉱物をふくむ割合が多いが，黒っぽい色のはんれい岩は有色鉱物をふくむ割合が多い。ふくまれる鉱物の種類や割合によって，岩石の色が異なる。

・火山灰と同じように，マグマのねばりけが弱いと黒っぽい火成岩になり，マグマのねばりけが強いと白っぽい火成岩になる。

 教科書 p.209

活用　学びをいかして考えよう

身のまわりで火成岩が石材として使われているものをさがし，どの火成岩なのか観察しよう。また，石材として使われている火成岩は，どの岩石が多いだろうか，調べてみよう。

● **解答（例）**

墓石（花こう岩，安山岩），建物の外壁（花こう岩），城の石垣（安山岩），玄関や庭の敷石（花こう岩，安山岩）などに使われており，使用が多いのは花こう岩や安山岩である。

○ **解説**

耐久性にすぐれ，かたい火成岩は，石材として建物の外部や外壁，墓石，庭石などにもよく使われている。その中でも，見た目もよく産出量も多い御影石とよばれる花こう岩や，安山岩は昔から石材としてよく利用されている。

第4節 火山とともにくらす

教科書 p.212

活用　学びをいかして考えよう

自分が住む地域から最も近い火山の噴火の歴史と，そのハザードマップを調べてみよう。ハザードマップはどのようにしてつくられているか調べてみよう。

○ 解説

　ハザードマップは，**過去の記録などをもとにして災害の予測を立て，地図上にまとめた災害予測図**である。インターネットなどで近くの火山のハザードマップを調べてみよう。教科書211ページの図4の「雲仙普賢岳における火砕流などに警戒が必要な範囲」も参考となる。

　溶岩が火口から流れ出てくる溶岩流の速さは，人の歩く速さよりおそいことが多い。しかし，噴出直後は1000℃ぐらいになるから，流れたところは燃えつきてしまう。一方，火砕流の速さは時速100kmをこえることもあり，自動車でも逃げることができないほどである。噴石（火山弾）は，直径1mもある大きな物も飛んでくることがあり，人にぶつかれば即死し，建物は破壊される。

　ふつう，火山のハザードマップには，溶岩流・噴石（火山弾）・火砕流などの影響がおよぶ範囲が地図上に示されているので，警報が出たときには，自分の現在地を知り，その範囲からできるだけ速やかに避難することが大切である。

教科書 p.212

章末　学んだことをチェックしよう

❶ 火山の姿からわかること
1. 火山の地下にあり，火山の形を左右する右図のXは何か。
2. Xのねばりけが強いのは，図のaとbのどちらか。

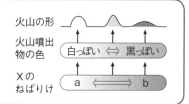

● 解答（例）

1. マグマ
2. a

○ 解説

　マグマは，地球内部の熱などによって，地下の岩石がとけてできたものである。マグマのねばりけが強いと溶岩が流れにくいので，盛り上がった形の火山に，マグマのねばりけが弱いと溶岩が流れやすいので，傾斜がゆるやかな形の火山になることが多い。また，マグマが冷え固まると，ねばりけの強いマグマは白っぽい溶岩に，ねばりけの弱いマグマは黒っぽい溶岩になることが多い。

❷ 火山がうみ出す物

ねばりけが強いマグマをふき出す火山から噴出した火山灰には，無色鉱物と有色鉱物のどちらが多くふくまれているか。

● 解答（例）

無色鉱物

◯ 解説

ねばりけの強いマグマをもとにできた火山灰の色は，白っぽい色をしており，石英や長石などの無色鉱物が多くふくまれる。一方，ねばりけの弱いマグマをもとにできた火山灰は，黒っぽい色をしており，黒雲母や角セン石，輝石，カンラン石，磁鉄鉱などの有色鉱物が多くふくまれる。

❸ 火山の活動と火成岩

火成岩を下表のように分類した。

1. 火山岩と深成岩のでき方のちがいは何か。
2. 深成岩で有色鉱物が多いのは，pとqのどちらか。
3. 鉱物の大きな結晶のみからできていることが多いのは，火山岩と深成岩のどちらか。

火山岩	流紋岩	安山岩	玄武岩
深成岩	花こう岩	せん緑岩	はんれい岩
有色鉱物の割合	p ◄――――――――► q		

● 解答（例）

1. 火山岩はマグマが地表や地表付近で急に冷え固まってできたが，深成岩はマグマが地下深くでゆっくりと冷え固まってできた。

2. q

3. 深成岩

◯ 解説

1. 3. 深成岩は，マグマが地下の深いところでたいへん長い時間をかけて冷え固まってできるため，火山岩と比べるとひとつひとつの鉱物の粒が大きくなり，同じくらいの大きさの鉱物が集まってできている。地表や地表付近で短い時間で冷え固まってできる火山岩は，ほとんどの鉱物が大きな結晶にならない。

2. はんれい岩は，輝石やカンラン石などの有色鉱物を多くふくむ。花こう岩は，石英や長石などの無色鉱物を多くふくむ。

教科書 p.212　　章末　学んだことをつなげよう

マグマのねばりけが弱い火山では，噴火したときにどのような被害が起こるだろうか。

● 解答(例)

　マグマのねばりけが弱い火山は，マグマが火口から流れ出るようにふき出し，はなれたところまで溶岩流が流れるので，森林や農作地，住宅などに到達すると，これらが破壊され焼失する被害が起こる。

○ 解説

　マグマのねばりけが弱い火山は，噴火のときにマグマが火口からあふれ，火口からはなれたところまで溶岩流となって流れることがある。溶岩の温度は1000℃をこえるので，溶岩流が集落に到達すると集落は燃えてしまう。また，溶岩にうもれた土地は，植物も育ちにくく，長い間利用できなくなる。

 教科書 p.212

Before & After

火山とはどのような山だろうか。私たちにどのような影響をあたえているだろうか。

● 解答(例)

　火山は，マグマが地表にふき出してできた山のことである。火山は，私たちに，美しい風景や火山の熱によってわき出る温泉などのめぐみをもたらすとともに，火山が噴火すると，噴石や火砕流で死傷者が出たり，火山灰で生活に影響が出たりするなどの被害をあたえる。

○ 解説

　日本は100をこえる活火山(現在，活発に活動している火山と，およそ1万年以内に噴火した記録がある火山)がある，火山が集中している地域である。私たちは，火山とともにくらすために，そのめぐみを知るとともに，噴火による被害について学び，日ごろから備える必要がある。

単元 4　大地の変化

定期テスト対策 第1章 火をふく大地

解答 p.187

/100

1 次の問いに答えなさい。

①地球内部の熱により，地下の岩石がとけたものを何というか。

②①が地表付近に上昇し，①の中にふくまれる高圧のガスが地表付近の岩石をふき飛ばすことを何というか。

③地下にある①が地表に流れ出たものを何というか。

④②でふき出て遠くまで飛ばされる軽く小さな粒を何というか。

⑤②の勢いで①が引きちぎられ，空中で固まったものを何というか。

2 図は3つの火山の模式図である。次の問いに答えなさい。

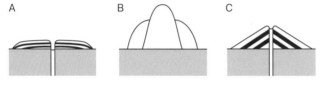

①A～Cの火山を，マグマのねばりけが強い順に並べなさい。

②3つの火山のうち，溶岩の色が最も白っぽいのはどれか。図のA～Cから選び，記号で答えなさい。

③3つの火山のうち，爆発的な激しい噴火をするのはどれか。図のA～Cから選び，記号で答えなさい。

④図のA，Bに当てはまる火山の例を，次の**ア**～**ウ**からそれぞれ選び，記号で答えなさい。

ア 富士山(静岡県・山梨県)　　**イ** 雲仙普賢岳(長崎県)

ウ マウナケア(アメリカ・ハワイ)

3 図はマグマが冷えてできた2種類の岩石をスケッチしたものである。次の問いに答えなさい。

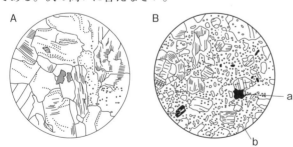

①A，Bのようにマグマが冷え固まってできた岩石を何というか。

②岩石Aは同じくらいの大きさの鉱物が集まってできている。このようなつくりを何というか。

1	計20点
①	4点
②	4点
③	4点
④	4点
⑤	4点

2	計21点
①	5点
②	4点
③	4点
④A	4点
B	4点

3	計24点
①	3点
②	3点
③	3点
④a	3点
b	3点
⑤	3点
⑥	3点
⑦	3点

③岩石Aのようなつくりをもつ岩石をまとめて何というか。

④岩石Bは ₐ比較的大きな鉱物と ♭非常に小さい粒でできている。下線部a，bをそれぞれ何というか。

⑤岩石Bのようなつくりを何というか。

⑥岩石Bのようなつくりをもつ岩石をまとめて何というか。

⑦マグマが地表や地表付近で急に冷えてできた岩石はA，Bのどちらか。

4 図は伊豆大島火山と雲仙普賢岳の火山灰を観察し，スケッチしたものである。次の問いに答えなさい。

4		計15点
①		5点
②		5点
③		5点

伊豆大島火山の火山灰

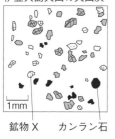

鉱物X　カンラン石

雲仙普賢岳の火山灰

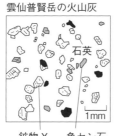

石英

鉱物X　角セン石

①火山灰を観察する準備として最も適当なものを次の**ア〜ウ**から選び，記号で答えなさい。

ア　火山灰をうすい塩酸にひたした後，水洗いし乾燥させる。

イ　火山灰に水を加え，指で軽くおし，にごった水を流すという操作を水のにごりがなくなるまでくり返し，乾燥させる。

ウ　火山灰に水を加え，ろ紙を用いてろ過し，ろ紙に残ったものを乾燥させる。

②白色で決まった方向に割れる特徴がある鉱物Xは何か。

③過去の火山の噴火の記録などをもとにして噴火時の災害の予測を立て，地図上にまとめたものを何というか。

5 4種類の火成岩を観察してまとめた。火成岩A〜Dは玄武岩，はんれい岩，花こう岩，流紋岩のいずれかである。火成岩A〜Dはそれぞれ何か。

5	計20点
A	5点
B	5点
C	5点
D	5点

火成岩A	同じくらいの大きさの鉱物が集まっている。主な鉱物は長石，輝石，カンラン石である。全体的に黒っぽい。
火成岩B	同じくらいの大きさの鉱物が集まっている。主な鉱物は石英，長石，黒雲母である。全体的に白っぽい。
火成岩C	形がわからないほど小さな粒の間に，比較的大きな鉱物が散らばっている。主な鉱物は石英，長石，黒雲母である。全体的に白っぽい。
火成岩D	形がわからないほど小さな粒の間に，比較的大きな鉱物が散らばっている。主な鉱物は長石，輝石，カンラン石である。全体的に黒っぽい。

単元
4
大地の変化

第2章 動き続ける大地

これまでに学んだこと

▶**地震**(小6) 地震は大地がゆれることである。大地にずれ(断層)が生じると，地震が起きる。

▶**地震による大地の変化**(小6) 地震が起こると，大地に地割れが生じたり，がけがくずれたりして，大地のようすが変化する。それにともなって災害が生じることもある。

第1節 地震のゆれの伝わり方

要点のまとめ

▶**地震** 地下の岩盤が破壊されてずれたときに発生した波が地表まで伝わり，大地がゆれること。

▶**震源** 地震が発生した場所。

▶**震央** 震源の真上の地点。

▶**震度** ある地点での地震によるゆれの大きさを表したもの。日本では10階級に分けられている。

▶**地震のゆれの伝わり方** 同時に発生する2種類の波(P波，S波)によって，ほぼ一定の速さで伝わる。

・**初期微動**…はじめの小さく小刻みなゆれ。P波という**速い波**で伝わる。

・**主要動**…後からくる大きなゆれ。S波という**おそい波**で伝わる。

▶**初期微動継続時間** 初期微動が始まってから主要動が始まるまでの時間。P波とS波の**到着時刻の差**である。震源から遠く離れるほど長くなり，ほぼ一定の割合でふえる。

▶**マグニチュード** 地震のエネルギーの大きさ(地震の規模)を表したもの(記号：M)。この値が大きいほど，大きなゆれが遠くまで伝わる。

●地震のゆれ

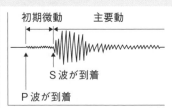

初期微動　主要動
S波が到着
P波が到着
時刻

教科書 p.215

調べよう

人工地震を起こして，ゆれの伝わり方を調べよう。

①地面に立てたくいから，50cm間隔で5人程度が一列に並び，目を閉じる。ほかの人はまわり
で観察する。

②木づちでくいを強く打ちこみ，あしの裏でゆれを感じたら手をあげる。

● **解答（例）**

くいの近くから，順に手があがった。

○ **解説**

打ちこまれたくいから発生した振動（波）が，くいに近いところから順に伝わるので，くいの近くにい
る人から順に手があがる。地震では振動が大きいので，振動をゆれとして感じる。

単元 4　大地の変化

 教科書 p.215

実習1

地震の波の伝わり方

● **結果（例）**

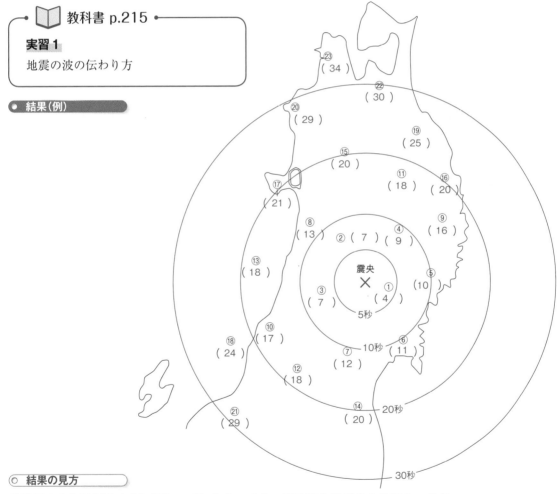

○ **結果の見方**

● **地震のゆれはどのように伝わっていたか。また，震度分布はどのようになったか。**

・地震のゆれは，震央を中心として，ほぼ同心円状に広がっていく。

・震度は，震央より遠いほど小さくなり，震央を中心とした同心円状に分布している。震央からの距離
が同じぐらいの場所でも，震度の大きさはちがうところがあった。

○ **考察のポイント**

●地震のゆれの伝わり方について，ゆれ始めの時刻と震央からの距離との関係，震度と震央からの距離との関係に注目して考えよう。

・地震のゆれ始めの時刻が震央を中心としてほぼ同心円状に広がることから，ゆれはほぼ一定の速さで伝わるといえる。つまり，初期微動を起こすP波が到着するまでの時刻は，震央（震源）からの距離に比例する。

・震度は，震央を中心としたほぼ円形に小さくなっていくことから，ゆれの大きさは震源から離れるほど小さくなるといえる。ただし，震源からの距離が同じでも，地盤の性質のちがいなどからゆれの大きさは異なる。

第2節 地震が起こるところ

要点のまとめ

▶**プレート**　地球の表面をおおう，厚さ100kmほどの岩盤。日本列島付近には4つのプレート（太平洋プレート，フィリピン海プレート，ユーラシアプレート，北アメリカプレート）が接していて，プレートはたがいに少しずつ移動している。

▶**断層**　地盤や岩盤に加わった力のために，岩石が破壊されて生じる地層や岩盤のずれ。

▶**活断層**　今後もくり返しずれが生じる可能性のある断層。

▶**内陸型地震**　陸の活断層のずれによる地震。

▶**海溝型地震**　海溝（海底で深い溝のようになっているところ）付近で生じる地震。震源がプレート境界の場合と，海洋プレート内の場合がある。

▶**津波**　地震による海底の地形の急激な変化によって発生する波。

●**内陸型地震**

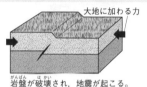

岩盤が破壊され，地震が起こる。

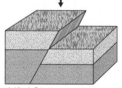

大地がずれる。

●**プレート境界で起こる海溝型地震**

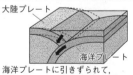

海洋プレートに引きずられて，大陸プレートの先端部が引きずりこまれ，大陸のプレートがひずむ。

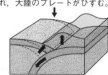

大陸プレートの先端部が，はね上がってもとにもどるときに，地震が起こる。（------は，動く前のプレート）

プレート内部で起こる内陸型地震と，プレートの境界で起こる海溝型地震のしくみは，理解できたかな？

教科書 p.221

活用　学びをいかして考えよう

日本以外の国や地域への旅行や滞在を考えるとき，日本と同じように地震に対する備えをした方がよい場所はどこか。また，そこではどのような種類の地震が起こると考えられるか，話し合おう。

● **解答（例）**

　たとえば南米のチリは，教科書218ページの図1からわかるように，過去にマグニチュード5以上の地震が多く発生しているので，地震に対する備えをした方がよい。教科書219ページの図3を見ると，チリはプレートの境界付近にあるので，海溝型地震が起こると考えられる。

○ **解説**

　地球には十数枚のプレートがある。プレートの境界部分にはさまざまな力が加わり，地下の岩盤にひずみが生じているので，大規模な地震が起こりやすい。

単元 4
大地の変化

第3節 ## 地震に備えるために

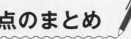

▶ **隆起**　地震などにより大地がもち上がること。
▶ **沈降**　地震などにより大地がしずむこと。
▶ **液状化現象**　地震によって地面が急にやわらかくなる現象。
▶ **津波**　海底や海岸地形が急激に動くことで海底から海面までの全ての海水がいちどに動き，大量の海水が移動する大規模な波。

 教科書 p.223

活用　学びをいかして考えよう

日常生活において大きな地震が起きた場合，どのように行動すればよいか，考えよう。

● **解答（例）**

　屋内で緊急地震速報などを聞いたら，後からくる主要動に備え，まず落ちてくるものなどから身を守るために机の下に移動する，火を消す，脱出できる出口を確保するなど身を守る行動をとる。強いゆれがおさまったら，気象庁が発表する警報などを確認し，避難が必要かを判断する。

○ **解説**

　地震が起きたら，まずは身の安全を第一に考えた行動をとる必要がある。その後，気象庁などが発表する情報などを確認し，安全な場所への避難が必要な場合は避難を行う。そのためには，日ごろから自分の住む場所の特徴を知り，どのような災害が起こる可能性があるかを踏まえて備える必要がある。

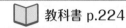 教科書 p.224

章末　学んだことをチェックしよう

---

❶ **地震のゆれの伝わり方**
1. 震源の真上の地点を（　　　）という。
2. P波とS波の到着時刻の差を（　　　）といい，これは震源からはなれるほど（　　　）なる。

● **解答（例）**
1. 震央
2. 初期微動継続時間，長く

○ **解説**
1. 震源は地震が発生した場所で，震央はその真上の地点のことである。
2. 初期微動を起こすP波と主要動を起こすS波は，地震が起こると同時に発生するが，P波の方がS波より速く伝わるため，震源から遠くなるほど，その到着時刻の差（初期微動継続時間）は長くなる。

---

❷ **地震が起こるところ**
1. 地震は，（　　　）の動きによって起こる。
2. 過去にずれたあとがあり，今後もずれる可能性のある断層を何というか。

● **解答（例）**
1. プレート
2. 活断層

○ **解説**
1. プレートは少しずつ動いているため，プレートの境界部分の地下の岩盤に力が加わってひずみが生じ，岩盤がひずみにたえられなくなると，岩盤の一部が破壊され，ずれ（断層）が生じる。このとき発生するゆれが地震である。
2. 陸の活断層のずれによる地震を内陸型地震という。

---

❸ **地震に備えるために**
　震源が海底にあった場合に発生する，遠方まで届く大きな波を何というか。

● **解答（例）**
津波

○ **解説**
　津波は，地震で海底が変動した場合に，海底から海面までの全ての海水がいちどに動いて起こる，大規模な波である。

教科書 p.224

章末　学んだことをつなげよう

地震災害から身を守るためには，どのようなことを知る必要があるだろうか。

● **解答（例）**

・ハザードマップなどで，自分の住んでいる地域で起こる可能性のある災害や避難のしかたなどを調べ
　ておく。

・地震が起こった後，適切な避難や行動ができるように，気象庁などが発表する，津波の注意報・警報，
　余震情報などを知る。

○ **解説**

　ふだんから，地震に対してどのような備えをしておけばよいか，防災資料などを読んで準備し，地震
が発生したときの避難のしかたなどの情報が載っているハザードマップ，気象庁が発表する地震情報な
ど，状況を把握できる情報を確実に知ることが必要である。

 教科書 p.224

Before & After

地震はなぜ起こるのだろうか。私たちにどのような影響をあたえるだろうか。

● **解答（例）**

　地震は，地球をおおうプレートの運動によって，プレートの境界に力が加わって急激に動いたり，プ
レート内部で断層ができたりすることで起こる。地震は，土地のようすを変えたり，建物の倒壊や土砂
くずれ，津波などの災害を起こしたりして，私たちの生活に影響をあたえる。

○ **解説**

　火山性の地震も，そのおおもとはプレート運動の力によって起こると考えられる。

単元
4

大地の変化

定期テスト対策　第2章　動き続ける大地

解答　p.188

/100

1 次の問いに答えなさい。

①地震が発生した場所を何というか。

②①の真上の地点を何というか。

③地震ではじめにくる小さなゆれを何というか。

④③を伝える波を何というか。

⑤地震で③の後にくる大きなゆれを何というか。

⑥⑤を伝える波を何というか。

⑦③が始まってから⑤が始まるまでの時間を何というか。

⑧ある地点での地震によるゆれの大きさを表す数値を何というか。

⑨地震の規模(エネルギーの大きさ)を表す数値を何というか。

⑩力が加わることで地下の岩盤が破壊されて生じるずれを何というか。

1	計30点
①	3点
②	3点
③	3点
④	3点
⑤	3点
⑥	3点
⑦	3点
⑧	3点
⑨	3点
⑩	3点

2 図は，ある地点での地震計の記録である。次の問いに答えなさい。

初期微動継続時間

A　　　B

午前8時　　12分　　12分　〔時刻〕
12分10秒　20秒　　30秒

①A，Bのゆれの名称を書きなさい。

②A，Bのゆれを伝える波の名称をそれぞれ書きなさい。

③初期微動継続時間が発生する理由を，「A，Bのゆれを伝える2つの波の」に続けて書きなさい。

④初期微動継続時間は震源から離れるほど，どのようになるか。

2	計20点
①A	3点
B	3点
②A	3点
B	3点
③A，Bのゆれを伝える2つの波の	4点
④	4点

3 図は，ある地震について，震央と各地のゆれ始めの時間差が同じ地点を曲線で結び，各地の震度を表したものである。次の問いに答えなさい。

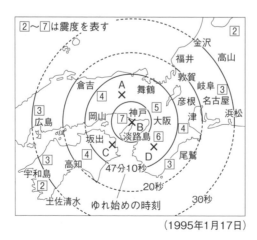

2〜7は震度を表す

金沢
福井　高山
倉吉　敦賀
舞鶴　岐阜　名古屋
4　彦根　3
A　　5　浜松
×　神戸　大阪　津
3　7　×　4
広島　岡山　B　4
坂出　淡路島　6
4　×　C　D　×　尾鷲
3　高知　×　47分10秒　3
宇和島　20秒
3
2　　30秒
土佐清水　ゆれ始めの時刻

(1995年1月17日)

①この地震の震央は，A〜Dのどれか。

②震度の分布について説明した次の文の（　）に当てはまる言葉を答えなさい。

　　震央を中心にした（　⑦　）状になり，震央から遠くなるほど震度は（　⑦　）なることが多い。

<table>
<tr><td>3</td><td colspan="2" align="right">計12点</td></tr>
<tr><td>①</td><td></td><td align="right">4点</td></tr>
<tr><td>②⑦</td><td></td><td align="right">4点</td></tr>
<tr><td>⑦</td><td></td><td align="right">4点</td></tr>
</table>

4 図1は，震源から70km離れたP地点での地震計の記録であり，図2は，地震で発生した波の要した時間と震源からの距離の関係を表したものである。次の問いに答えなさい。

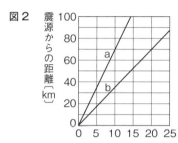

図1

午後3時
15分13秒　　〔時刻〕

図2

震源からの距離〔km〕

時間〔秒〕

①Bのゆれを伝える波のグラフは図2のa，bどちらか。

②Bのゆれを伝える波の速さは何km/sか。

③P地点でAのゆれが始まったのは，午後3時15分13秒であった。地震が発生した時刻は午後3時何分何秒か。

④P地点で，Bのゆれが始まったのは午後3時何分何秒か。

⑤震源から140km離れたQ地点での初期微動継続時間は何秒だと考えられるか。

<table>
<tr><td>4</td><td colspan="2" align="right">計20点</td></tr>
<tr><td>①</td><td></td><td align="right">4点</td></tr>
<tr><td>②</td><td></td><td align="right">4点</td></tr>
<tr><td>③</td><td></td><td align="right">4点</td></tr>
<tr><td>④</td><td></td><td align="right">4点</td></tr>
<tr><td>⑤</td><td></td><td align="right">4点</td></tr>
</table>

単元 **4** 大地の変化

5 図は，日本付近の<u>厚さ100kmほどの岩盤</u>の境界で地震が起こるしくみを表したモデルである。次の問いに答えなさい。

①地球の表面をおおう，下線部の岩盤を何というか。

②図のAは大陸の①を，Bは海洋の①を表している。次の文の（　）に当てはまるものを，A，Bの記号で答えなさい。

　　（　⑦　）に引きずられて（　⑦　）が変形してしずんでいくが，（　⑦　）が反発してもり上がるとき地震が起こる。

③このような地震による海底の地形の急激な変化で発生する大きな波を何というか。

④くり返しずれを起こして地震を発生させる可能性がある断層を何というか。

海

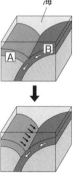

<table>
<tr><td>5</td><td colspan="2" align="right">計18点</td></tr>
<tr><td>①</td><td></td><td align="right">3点</td></tr>
<tr><td>②⑦</td><td></td><td align="right">3点</td></tr>
<tr><td>⑦</td><td></td><td align="right">3点</td></tr>
<tr><td>⑦</td><td></td><td align="right">3点</td></tr>
<tr><td>③</td><td></td><td align="right">3点</td></tr>
<tr><td>④</td><td></td><td align="right">3点</td></tr>
</table>

第3章 地層から読みとる大地の変化

これまでに学んだこと

▶**流れる水のはたらき**（小5）
　①**侵食**…地面をけずるはたらき　②**運搬**…土や石を運ぶはたらき
　③**堆積**…流されてきた土や石を積もらせるはたらき
・山の間を流れる川と平野を流れる川では，川原に見られるれきの大きさや形にちがいがある。
▶**大地のつくり**（小6）
・がけなどで見られる，しまのような層を**地層**という。いろいろな粒が層になって重なっており，以下のものがある。
　①れき，砂，泥などが，流れる水のはたらきで運搬され，堆積してできたもの
　②主に火山灰が堆積した火山のはたらきでできたもの
・地層のなかから，生き物のからだが**化石**になったものなどが見つかることがある。
・地層をつくっているれき，砂，泥などが，その上に堆積した物の重みで，長い年月をかけて固まると，**れき岩，砂岩，泥岩**などの岩石になる。
・火山からふき出した**溶岩**などで大地のようすが変化することもある。

第1節 地層のつくりとはたらき

要点のまとめ

▶**風化**　岩石が気温の変化や風雨のはたらきでもろくなること。
▶**侵食**　岩石が水のはたらきなどによってけずられること。
▶**運搬**　れき，砂，泥が，川などの水の流れにより下流へ運ばれること。
▶**堆積**　運搬されたれき，砂，泥が，平野や海岸などの水の流れがゆるやかなところにたまること。粒の大きいものほど岸に近く，小さいものほど沖に向かって堆積する。
▶**地層**　長い時間をかけて，堆積物が積み重なってできたもの。

●**地層のでき方**

気温の変化や風雨
風化・侵食
運搬
堆積
海
堆積する粒の大きさ　大 ← 岸　　沖 → 小

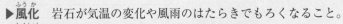

教科書 p.226

調べよう

地層のでき方の例として次のA，Bの実験をしよう
A．長い筒を使った実験
B．土砂の山に水を流す実験

● 結果（例）

A…筒の下から順にれき，砂，泥，れき，砂，泥と，粒の大きさごとに分かれてくり返し積もった。
　　毎回，粒の大きいれきから先に積もっている。

B…粒の大きいれきはあまり流されず，主に粒の小さい砂，泥が水際に近いところに積もった。泥は
　　遠くまで運ばれ，水中に積もっているものもある。

○ 解説

　Aの実験から，海まで運ばれたれき，砂，泥では粒の大きいれき，砂，泥の順に海底にしずみ，層を
つくると考えられる。

　Bの実験から，水によって遠くまで運ばれるのは，小さな粒の泥であると考えられる。

 教科書 p.227

活用　学びをいかして考えよう
露頭で見える地層の中のれきは，どのような形のものが多いか考えよう。

● 解答（例）

角がとれてまるみを帯びた形のものが多い。

○ 解説

　風化，侵食され，水の流れによって平野や海まで運搬される間に，れきは角がとれ，まるみを帯びた
形になる。流れる水のはたらきでできた地層にふくまれる砂や泥の粒も同様の特徴がある。

第2節　堆積岩

要点のまとめ

▶**堆積岩**　堆積物が長い年月をかけておし固められ，岩石となったもの。

	構成物	特徴
れき岩	れき（2mm以上の粒）	流れる水や風の影響で，角がとれた粒でできている。
砂岩	砂（2mm～約0.06mmの粒）	
泥岩	泥（約0.06mm以下の粒）	
凝灰岩	火山灰など	角ばった鉱物をふくむ。
石灰岩	炭酸カルシウム（貝殻やサンゴなど）	うすい塩酸をかけると，とけて二酸化炭素が発生する。
チャート	小さな生物の殻	うすい塩酸をかけてもとけない。ハンマーでたたくと火花が出るほどかたい。

・堆積岩の種類と堆積する場所の関係から，堆積岩が見つかった場所が昔はどのような環境だった
　のか推測できる。

　（例）　チャート…大陸から遠く離れた海　　石灰岩…大洋のあたたかい浅い海

単元 4　大地の変化

教科書 p.229

観察4

堆積岩の見分け方

● **結果（例）**

れき岩，砂岩，泥岩のつくりのちがい

	ルーペで見たようす	特徴
れき岩		豆粒大の小石（れき）をふくむ。 粒の大きさは 2 mm 以上。 手ざわりはごつごつした感じ。
砂岩		砂のようなものからできている。 粒の大きさは 2 mm ～ 約 0.06 mm くらい。 手ざわりはざらざらした感じ。
泥岩		手ざわりはさらさらした感じ。

◎ **結果の見方**

●砂岩，泥岩，石灰岩などの堆積岩には，それぞれどのようなちがいがあるか。

●堆積岩と火成岩では，ふくまれる粒の特徴にどのようなちがいがあるか。

・堆積岩にふくまれる粒のようす

　れき岩，砂岩，泥岩…それぞれ粒の大きさがそろっていて，角がとれてまるい。

　凝灰岩…角ばった鉱物の粒があった。

　石灰岩，チャート…れき，砂，泥の粒がほとんど見られない。

・堆積岩のかたさ

　チャート以外の堆積岩…くぎでひっかくと傷がつき，鉄のハンマーでたたくと割れてしまう。

　チャート…くぎで傷がつかず，鉄のハンマーでたたくと鉄がけずれて火花が出るほどかたい。

・うすい塩酸をかけた結果

　石灰岩…二酸化炭素の泡を出してとけた。

　チャート…反応しなかった。

・堆積岩と火成岩の粒の形のちがい

　堆積岩…角がとれてまるくなっていた。また，堆積岩の種類ごとに，粒の大きさがだいたいそろって
　　　　　いた。化石をふくむものがあった。

火成岩…粒は角ばっていた。火山岩は大小の角ばった粒（斑晶_{はんしょう}）と細かな粒（石基_{せっき}）からできていた。深成岩は角ばった大きな粒でできていた。化石は見られなかった。

◯ 考察のポイント

●堆積岩ごとの見分け方をまとめよう。

堆積岩	構成物		かたさ	塩酸による反応
れき岩	れき（2mm以上の粒）		・くぎでひっかくと傷がつく。 ・ハンマーでたたくと割れる。	
砂岩	砂（2mm〜約0.06mmの粒）			
泥岩	泥（約0.06mm以下の粒）			
凝灰岩	主に火山灰（角ばった鉱物の粒をふくむ）			
石灰岩	生物の骨格や殻（れき，砂，泥の粒がほとんど見られない）	貝殻やサンゴなど		二酸化炭素の泡が出る。
チャート		小さな生物の殻	・くぎでひっかいて傷がつかない。 ・ハンマーでたたくと鉄がけずれて火花が出る。	反応しない。

教科書 p.230

説明しよう

チャートには砂や泥がほとんどふくまれていない。このことから，チャートはどのような場所で堆積したと考えられるか。

● 解答（例）

　陸地からはるか遠くはなれた大洋の海底には，特別な場合を除いて砂や泥はほとんど運搬されない。チャートは砂や泥などをふくまないことから，大陸から遠く離れた海で堆積したと考えられる。

◯ 解説

　流れる水のはたらきで，陸地から海まで運ばれたれき，砂，泥は，粒の大きいもの（れき）ほど海岸の近くに堆積し，海岸から遠くなるほど粒の小さいもの（泥）が堆積するが，陸地からはるか遠く離れた海までは泥も運ばれることはない。

教科書 p.231

活用　学びをいかして考えよう

教科書230ページのコラムを参考にして，建物の柱やかべなど，身のまわりに用いられている堆積岩をさがし，産地や種類を調べてみよう。

● 解答（例）

砂岩…建築・土木用石材に使われる。産地は大阪府など。
泥岩…屋根がわら，敷石，すずり石，と石，碁石_{ごいし}などに使われる。産地は三重県など。
石灰岩…セメント工業など装飾用建材，工芸品などに使われる。産地は山口県など。

単元 4　大地の変化

凝灰岩…建材，石べい，かまどなどに使われる。産地は栃木県など。

○ 解説

　身のまわりにはさまざまな岩石が石材や建築の材料として使われている。各地に有名な石の産地があるので，その種類が何か調べてみるとよい。

第3節　地層や化石からわかること

要点のまとめ

▶**化石**　生物の死がいや巣穴などが土砂にうめられ，長い年月をかけてできたもの。

▶**示相化石**　地層が堆積した**当時の環境がわかる化石**。限られた環境にしかすめない生物が手がかりとなる。

＜主な示相化石＞

サンゴ…あたたかく浅い海にすむ。

植物の花粉…植物の種類から，環境がわかる。

シジミ…河口や湖にすむ。

▶**地質年代**　地層が堆積した年代のこと。生物の移り変わりをもとに決められており，古い方から古生代，中生代，新生代に分けられる。

▶**示準化石**　地層が堆積した**当時の年代がわかる化石**。ある時期にだけ栄え，広い範囲にすんでいた生物が手がかりになる。

＜主な示準化石＞

古生代…フズリナ，サンヨウチュウ，リンボク

中生代…アンモナイト，ザミテス，モノチス

新生代…ビカリア，メタセコイア，ナウマンゾウ

> 示相化石と示準化石は間違えやすいので，違いをしっかりと理解しておこう。

 教科書 p.233

データから読みとろう

地層の重なりや化石から読みとれることは何だろうか

ステップ1　教科書233ページの右図のそれぞれの地層とその重なりから，どのようなことがわかるだろうか。

ステップ2　化石標本やその復元図から，現在生きている生物と化石生物の似ている部分をさがしてみよう。

● 解答（例）

ステップ1

砂と泥が混ざった地層…砂と泥が混ざり，ホタテガイの化石がふくまれることから，深い海から浅い海
へと堆積する環境が変わっていったと考えられる。

砂でできた地層…シジミの化石がふくまれていることから，海水と淡水が混ざる場所へと堆積する環境
が変わっていったと考えられる。

火山灰の積もった地層…火山が噴火して，海水と淡水が混ざる場所に火山灰が堆積したと考えられる。

ステップ2

アンモナイトの化石とオウムガイ

・巻貝の部分の形が似ている。

・オウムガイはタコやイカのなかまで，西太平洋からインド洋にかけてのサンゴ礁が発達する熱帯域の
海で，水深200m〜500mぐらいの範囲に生息しているので，アンモナイトもあたたかい海の，あま
り深くない場所で生息していたと考えられる。

中生代のシジミの化石と現在のシジミ

・現在のシジミと同じ形をしている。

・現在のシジミは，湖や河口などの淡水と海水が混ざる場所に生育しているので，中生代のシジミも湖
や河口にすんでいたと考えられる。

○ 解説

地層は下から上へと順に積み重なるため，ふつうはいちばん下の層が最も古い地層になる。そのため，
地層をつくるもの（何からできているか，粒の大きさなど）や化石などをもとに地層からわかることを下
から上へつなげて考えることで，その場所の環境の変化を推測できる。

第4節 大地の変動

要点のまとめ

▶ **大地の動き** プレートの動きによって，大地は非常に長い期
間をかけて動き，変化している。その力を受けて，海底に堆
積した地層が**隆起**し，山脈や山地をつくることがある。

▶ **しゅう曲** 地層をおし縮める大きな力がはたらいてできた**地
層の曲がり**。しゅう曲をつくる力は，**断層**をつくる力と同じ
ように，プレート運動による力である。

しゅう曲をつくる力は，地震を引き起こす原因でもあるよ。

教科書 p.237

資料から考えよう

教科書237ページの図4，図5のような曲がった地層は，どのようにしてできたのだろうか。また，内陸の岐阜県にチャートの地層があるのはなぜだろうか。話し合ってみよう。

● 解答（例）

・海底で水平に地層が堆積したあと，プレート運動によっておし縮められるような大きな力を受け，長い時間をかけて曲がりながら隆起して山脈をつくった。

・チャートの地層は大陸から遠く離れた海でできるものだが，海洋プレートの運動によって日本列島に近づき，大陸プレートの下にもぐりこんだときに日本列島の一部になり，やがて隆起して現在の岐阜県の地表にあると考えられる。

○ 解説

教科書219ページで学んだように，日本列島付近には，太平洋プレート，フィリピン海プレート，ユーラシアプレート，北アメリカプレートという4つのプレートがあり，海洋プレートが大陸プレートの下にしずみこんでいる。海洋プレートの運動によって，遠い海洋で堆積した石灰岩やチャートの層も北上し，しずみこむときに大陸プレートに付加する。また，これらのプレートの力で，日本列島は東西方向におし縮められているので，海底で堆積した地層はしゅう曲・断層を形成しながら隆起し，山をつくる。

 教科書 p.237

活用　学びをいかして考えよう

プレートの動きによって，大地はおされて隆起し，山地をつくるが，その山がどこまでも高くならないのはなぜだろうか。

● 解答（例）

山地がどこまでも高くならないのは，山地をつくる岩石が再び風化・侵食されるからと考えられる。

○ 解説

山地の岩石が風化・侵食されてできた土砂は，川に流れこんで運搬され，海に出て堆積し，再び地層をつくる。その地層がプレート運動の力によってしゅう曲や断層を形成しながら隆起して，再び山地や山脈をつくる。このように，地表の物質は，長い時間をかけて循環しているのである。

第5節　身近な大地の歴史

要点のまとめ ✏

▶ **柱状図**　ある地点の地層の特徴と重なり方のようすを模式的に表したもの。

教科書 p.239

観察5
身近な地層で調べる大地の歴史

◎ **結果の見方**
●地層をつくる粒の大きさ，地層の色，地層のかたさはどうか。地層と地層の境目はどのようになっているか。
●火山灰の地層が見られたら，その色や粒のようすはどのようになっているか。
●化石がふくまれていたら，それはどんな化石だったか。

・粒の大きさによって，堆積した場所が**海岸から近いか離れているか**がわかる。また，地層と地層の境目は，遠くから見ると線になって見える。
・火山灰や凝灰岩の地層があれば，その付近で火山活動があったと考えられる。火山灰の層には角ばった鉱物の粒がふくまれ，白っぽい鉱物が多いか，黒っぽい鉱物が多いかなどによって，もとになったマグマがどんな性質であったかも推測できる。
・化石の種類によって，地層が堆積した**当時の自然環境**(示相化石)や**地質年代**(示準化石)を**推定**できる。

◎ **考察のポイント**
●観察した地層が堆積した順序を説明しよう。
●観察した地層がどのような場所(環境)で堆積したのかを考えよう。
●地層の観察から読みとった過去の出来事を，古い順に並べよう。

・ふつう，下の地層ほど古く，上の地層ほど新しい。ただし，断層やしゅう曲があると，逆転している場合がある。
・粒の大きなもの(れき)ほど，陸から近い海岸・河口付近で堆積し，粒の小さなもの(泥)ほど陸から離れた海底で堆積する。隆起や沈降などによって，陸からの距離が変化した可能性がある。
・火山灰の層の数は，過去に火山の噴火があった回数を示す。

したがって，教科書239ページの図の地層は，以下のような出来事が順にあったと推測できる。
　①海岸から離れた海底で泥岩の層が堆積する。
　②海底が陸か陸に近い場所まで隆起する。
　③れきをふくむ砂岩の層が堆積する。
　④陸から離れた海底に沈降する。
　⑤砂岩の層が堆積する。
　⑥火山が噴火し，火山灰の層が堆積する。
　⑦⑤とは異なる色の砂岩の層が堆積する。
　⑧火山が噴火し，火山灰の層が堆積する。
　⑨砂岩の層が堆積する。
　⑩火山が噴火し，⑥⑧とは異なる色の火山灰の層が堆積する。
　⑪砂岩の層が堆積する。
　⑫海底が隆起し，地表に現れる。

単元 **4** 大地の変化

📖 **教科書 p.240**

データを読みとろう

図の東山の下にはどのような地層が重なっ
ているだろうか。西山の地層が重なってい
る順に注意して考えよう。なお，図の地域
では，断層やしゅう曲はなく，地層は水平
に重なっているとする。

①地層❶のあらい砂岩の層，地層❷のれき
　岩の層の厚さはどのようにすれば推定す
　ることができるだろうか。

②図のAの部分にはどのような地層が重
　なっているだろうか。柱状図を作成して
　考えよう。

③この場所はこれらの地層が堆積したころ，
　どのような環境だったか考えよう。

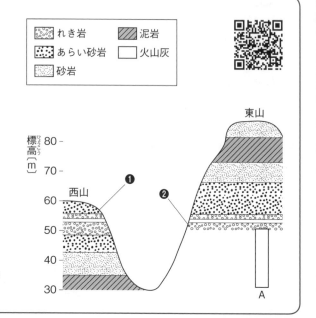

● **解答（例）**

①東山と西山の地層の境目を水平な線でつなぐ。地層❶は，東山のあらい砂岩の層とつながっているた
　め，東山のあらい砂岩の層と同じく，およそ標高57 mから68 mにあり，厚さは約11 mと推定できる。
　地層❷は，西山の火山灰の下のれき岩の層とつながっているため，西山のれき岩の層と同じく，およ
　そ標高48 mから53 mにあり，厚さは約5 mと推定できる。

②
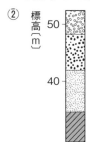

③下から泥岩，砂岩，あらい砂岩，れき岩の層の順に水平に堆積しているので，この場所は海岸から離
　れた深い海底がだんだんと海岸に近い海底に変化していった。その後，火山灰の層があるので，火山
　の噴火があったと推測できる。そして，れき岩，あらい砂岩，砂岩，泥岩，砂岩の層の順に堆積して
　いるため，再び海岸から離れた深い海底へと変化したのち，海岸に少し近づいたと推測できる。

◎ **解説**

①この地域の地層は，断層やしゅう曲もなく，水平に重なっているため，**東山と西山の地層は連続して
　広がっている**と推測できる。したがって，それぞれの地層の境目を線でつなぎ，地層のつながりを推
　測すると，地層❶と❷の厚さがわかる。

②①より，Aは，西山のおよそ標高30 mから52 mの地層の重なりと同じだと考えられる。よって，下か
　ら泥岩（厚さ約5 m），砂岩（厚さ約7 m），あらい砂岩（厚さ約6 m），れき岩（厚さ約4 m）の柱状図と
　なる。

③次の手順で，これらの地層が堆積したころの環境を推測する。

1. それぞれの地層が堆積したときの状況を考える。
   - **粒の大きさから，堆積した海の海岸からの距離・深さが推測できる。** 粒が小さい泥岩は，陸から離れた深い海底で堆積する。その後，粒の大きさは砂岩，あらい砂岩，れき岩の順に大きくなるので，この順に堆積した海底は，だんだん海岸に近く，浅くなると推測できる。
   - **火山灰の層から，付近で火山の噴火があったと推測できる。**
2. 地層が重なっている順番に注目して，過去の環境の変化を推測する。
   - 粒の大きさが，大きいものから小さいものに変化していれば，海底がだんだん深くなる変化（沈降など）が，小さいものから大きいものに変化していれば，海底がだんだん浅くなる（隆起など）変化があったと推測できる。
   - 火山灰の層の数から，火山の噴火があった回数が推測できる。

 教科書 p.241

活用　学びをいかして考えよう

大地の歴史を調べた結果を，私たちの生活にどのようにいかしたらよいか，話し合おう。

例①　火山灰の層が多くある場合
例②　津波による堆積物の層がある場合

● 解答（例）

例①…火山灰の層が多くあるので，近くのいくつかの火山が過去に何度か噴火しているということがわかる。火山灰の層が積もった時期やその厚さ・広がりがわかれば，規模の大きな噴火の時期や被害の範囲を知ることができ，今後の噴火の研究や防災計画にいかすことができる。

例②…津波による堆積物の層の広がりを調べると，過去，陸地のどこまで津波がおし寄せたかを知ることができる。今後起こる可能性のある津波の大きさを予測することができ，まちづくりや防災計画にいかすことができる。

○ 解説

　地層のようすから，過去にどのような大地の変化があったかがわかるので，現在の記録に残っていない大地の変化も知ることができる。例①，例②のほか，地層に断層が見られれば，過去に大きな地震があったことなども知ることができる。

 教科書 p.241　　章末　学んだことをチェックしよう

❶ 地層のつくりとはたらき

流れる水のはたらきを3つ書きなさい。

● 解答（例）
侵食，運搬，堆積

○ 解説

　侵食は風化した岩石をけずるはたらき，運搬はれき，砂，泥を水の流れで下流に運ぶはたらき，堆積は運搬されたれき，砂，泥を流れのゆるやかなところに積もらせるはたらきである。

❷ 堆積岩
1. ふくまれる粒の大きさで区別できる堆積岩（たいせきがん）を，粒（つぶ）の小さいものから順に書きなさい。
2. 殻（から）をもつ生物の死がいなどが堆積してできた堆積岩を2つ書きなさい。

● 解答（例）
1. 泥岩（でいがん），砂岩（さがん），れき岩
2. 石灰岩（せっかいがん），チャート

○ 解説
1. 粒の大きさは，泥は約0.06 mm以下，砂は2 mm～約0.06 mm，れきは2 mm以上である。
2. 石灰岩は，貝殻（かいがら）やサンゴが堆積してできたものである。うすい塩酸をかけると二酸化炭素が発生する。チャートは，海中の小さな生物の殻が堆積してできたものである。うすい塩酸をかけても反応せず，鉄のハンマーでたたくと火花が出るほどかたい。

❸ 地層や化石からわかること
1. 堆積した当時の環境（かんきょう）がわかる化石（かせき）を何というか。
2. 堆積した年代がわかる化石を何というか。
3. 地層（ちそう）が連続して堆積した場合，上下どちらの地層が古いか。

● 解答（例）
1. 示相化石（しそうかせき）
2. 示準化石（しじゅんかせき）
3. 下の地層が古い。

○ 解説
1. 主な示相化石には，サンゴのなかま，シジミのなかまなどがある。順に，あたたかくて浅い海であったこと，河口や湖であったことなどがわかる。
2. 示準化石から地層の堆積した地質年代（ちしつねんだい）がわかる。地質年代は，生物の移り変わりをもとに決められており，古生代（こせいだい），中生代（ちゅうせいだい），新生代（しんせいだい）に分けられている。
3. 地層は，下から上へと積み重なるので，ふつう，いちばん下が最も古い地層である。

❹ 大地の変動
　しゅう曲（きょく）や断層（だんそう）をつくる大きな力の原因は，何の動きによるか。

● 解答（例）
プレート

○ 解説
　しゅう曲はおし縮めるような大きな力でできた地層の曲がり，断層は大きな力が加わって岩盤（がんばん）が破壊（はかい）されてできた地層のずれである。プレートの移動は，1年間に数cmから十数cmほどの速さで長い間動くため，大地に非常に大きな力がかかる。そのため，大地の変化や地震の原因となる。

❺ 身近な大地の歴史
1. 地層の重なるようすを模式的に表した図を何というか。
2. いくつかの地点で作成した1.の図をつなげると何がわかるか。

● 解答（例）
1. 柱状図
2. 地層が広がっているようす

○ 解説
露頭の地層を観察したり，ボーリング試料をもとにしたりして柱状図をつくり，いくつかをつなげると，地域の地層の広がりや堆積した当時の環境を推測できる。

 教科書 p.241　　章末　学んだことをつなげよう

地表の岩石が風化して，さまざまな大きさの粒に変化しながら堆積岩になるまでを「流れる水のはたらき」という言葉を使って説明しよう。

● 解答（例）
風化した岩石は，流れる水のはたらきによって侵食され，土砂をつくる。土砂は川に流れこみ，流れる水のはたらきによって運搬され，海に出て堆積し地層をつくる。地層はやがておし固められ，堆積岩になる。

○ 解説
流れる水のはたらきによって，海に運ばれたれき，砂，泥は粒の大きいものほど海岸に近いところでしずむため，種類ごとに層になる。そして，やがておし固められてれき岩，砂岩，泥岩となる。

 教科書 p.241

Before & After
地層からどのようなことがわかるだろうか。

● 解答（例）
地層をつくる堆積物の種類や粒の大きさとその重なり方，ふくまれる化石などから，その地域が過去どのような環境であったか，どのような大地の変化があったのかがわかる。

○ 解説
地層は，流れる水のはたらき，火山の噴火，プレートの動きによる大地の隆起など，さまざまな自然の力のはたらきによって形成されるので，地層のようすから過去の大地の歴史を知ることができる。

単元
4
大地の変化

定期テスト対策 第3章 地層から読みとる大地の変化

解答 p.188

/100

1 次の問いに答えなさい。

①かたい岩石が気温の変化や風雨のはたらきによってもろくなることを何というか。

②角ばった鉱物をふくみ火山灰が固まった堆積岩を何というか。

③貝殻やサンゴなどが堆積してできた岩石で，うすい塩酸をかけるととけて気体が発生する堆積岩を何というか。

④③で発生する気体は何か。気体名を答えなさい。

⑤地層をおし縮める大きな力がはたらいてできた地層の曲がりを何というか。

⑥⑤や断層を生じる力はある動きによって引き起こされ，この力は地震も引き起こす。ある動きとは何の動きのことか。

⑦ある地点の地層の重なりを模式的に表した図を何というか。

1	計28点
①	4点
②	4点
③	4点
④	4点
⑤	4点
⑥	4点
⑦	4点

2 気温の変化や風雨のはたらきによって，長い間に岩石の表面はくずれやすくなる。このような岩石はけずられ，砂，泥，れきとなり，水の流れによって運搬され，平野や海岸などに堆積する。右の図のように，フラス

水と砂，泥，れきを混ぜたもの

コに水と砂，泥，れきを混ぜたものを入れ，粒の大きさによるしずみ方のちがいを調べた。次の問いに答えなさい。

①下線部のような，水などのはたらきを何というか。

②川が山地から平野に出たところでは，扇を広げたような地形になることが多い。このような地形を何というか。

③図のフラスコを数回ひっくり返し，砂，泥，れきをよく混ぜ，フラスコを上下逆向きにしたまましばらく放置すると，砂，泥，れきはどのような順にしずむか。速くしずむ順に並べなさい。

④砂，泥，れきのうち，海岸から最も近い海底に堆積するものはどれか。

⑤④で答えた理由を，「粒の大きさ」，「流れる水」の2つの言葉を使って書きなさい。

⑥砂，泥，れきが長い年月をかけておし固められたものを，それぞれ，砂岩，泥岩，れき岩という。これらの岩石の粒の形に共通する特徴は何か，書きなさい。

⑦⑥の岩石は，何をもとに区別されるか，書きなさい。

2	計34点
①	4点
②	4点
③	4点
④	4点
⑤	6点
⑥	6点
⑦	6点

3 図は，ある地点で見られる地層のようすをまとめたものである。次の問いに答えなさい。

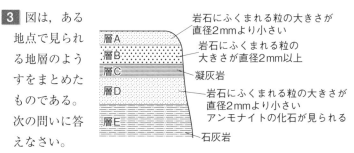

①地層を観察するときの方法や注意点として，まちがっているものを次のア～ウから選び，記号で答えなさい。

　ア　がけにはすぐに近寄らず，事故に注意する。

　イ　岩石用ハンマーを使うときは，保護眼鏡をつけ，岩石の破片に注意する。

　ウ　見つけた化石は必ず採集し，そのときのようすも記録する。

②層Bで見られる堆積岩は何か。

③層Dで見られるアンモナイトの化石のように，地層ができた年代を推定することができる化石を何というか。

④層Dが堆積した地質年代はいつだと考えられるか。

⑤図の地層の堆積岩から，かつて火山活動があったことがわかる。その理由を「火山灰」という言葉を使って書きなさい。

3	計20点
①	2点
②	4点
③	4点
④	4点
⑤	6点

4 図1は，ある地域の現在の等高線のようすを表し，図2は，図1のA地点とB地点における，地表から地下20mまでの地層のようすを表した模式図である。次の問いに答えなさい。

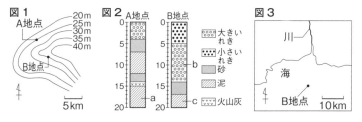

①図2のaの層から，貝の化石が見つかった。貝の化石のように，地層が堆積した当時の環境を示す化石を何というか。

②図2の火山灰の層は，地層ができた時代を知ることができる化石と同じ役割を果たしている。その理由を書きなさい。

③図1の地域一帯では，長い年月の間に海水面が数回上昇・下降して海岸線が動いたと考えられている。図3は，現在から約20万年前の図1の地域をふくむ周辺地域一帯の地形を推定した模式図である。図1のB地点で約20万年前に堆積したと考えられる層は，図2のb，cのどちらか。また，そのように判断した理由を，堆積した土砂の粒の大きさとB地点の河口からの距離との関係がわかるように書きなさい。

4	計18点
①	4点
②	6点
③記号	2点
理由	6点

📖 教科書 p.246

確かめと応用 ｜ 単元 **4** ｜ 大地の変化

1 火山の形

火山の形について調べるため，次のようなモデル実験を行った。（図1～4は教科書246ページ参照）

①小麦粉と水を，以下の割合でそれぞれポリエチレンのふくろに入れて，よく混ぜ合わせた。
　　・Aのふくろ：小麦粉100g＋水100g
　　・Bのふくろ：小麦粉　80g＋水100g

②厚紙の中央にあなをあけ，図1のように，厚紙の下からAのふくろの口を通してテープなどで固定し，三脚の上にのせた。

③ゆっくりとポリエチレンのふくろをおし，図2のように，小麦粉と水の混合物を厚紙の上にしぼり出した。

④Bのふくろも同じようにしてしぼり出した。

〔結果〕

図3，4のように，小麦粉の盛り上がり方に差がついた。

❶ふくろに入れた小麦粉と水の混合物は何のモデルか。

❷AとBで小麦粉の量を変えたのは，どのようなことを再現しようとしたためか。

❸図3はA，Bどちらのふくろによるものか。

❹実際の図3と図4のような形の火山では，噴火のしかたにそれぞれどのような特徴があるか。

● **解答(例)**

❶マグマ

❷マグマのねばりけのちがいにより，火山の形が異なること。

❸A

❹図3…激しく爆発する。
　図4…おだやかでねばりけの弱い溶岩を流す。

● **解説**

❶❷この実験では，小麦粉と水を使い，火山の形がマグマのねばりけのちがいで変わるかを調べている。小麦粉の量でねばりけを変えて，マグマのモデルにし，しぼり出した後の形を火山の形に見立ててどのようになるかを比べている。

❸❹図3の方が，盛り上がった形をしており，混合物のねばりけが強いと考えられるので，小麦粉の量がBより多いAである。マグマのねばりけが強いと，噴火は激しく，溶岩は白っぽくなる。マグマのねばりけが弱いと，噴火は比較的おだやかでマグマが流れ出るようにふき出し，溶岩は黒っぽくなる。

教科書 p.246

確かめと応用 | 単元 4 | 大地の変化

2 火山がうみ出す物

図1，図2は火成岩のつくりをルーペで観察し，スケッチしたものである。次の問いに答えなさい。

❶図1のようなつくりの火成岩を何岩というか。

❷図1のつくりにみられる，AやBを何というか。

❸図2のような火成岩のつくりを何組織というか。

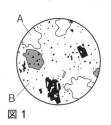
図1

図2

❹図2のようなつくりをもつ岩石は，マグマがどんな場所で，どのように冷え固まってできたものか。

❺次のア〜エの火成岩について，図1のつくりをもつものを全て選んで記号で答えなさい。

ア 花こう岩　　**イ** 安山岩　　**ウ** せん緑岩　　**エ** 玄武岩

単元 4 大地の変化

● **解答（例）**

❶火山岩

❷A…斑晶

　B…石基

❸等粒状組織

❹地下の深い場所で長い時間をかけて冷えて固まってできる。

❺イ，エ

○ **解説**

❶❷図1のようなつくりを斑状組織といい，このようなつくりをもつ火成岩を火山岩という。火山岩は地表や地表近くで，急に冷え固まってできた岩石であるため，鉱物の粒があまり大きくならない。小さな鉱物の集まりやガラス質の部分である石基（B）が，比較的大きな鉱物の粒である斑晶（A）をとり囲んだつくりをしている。

❸❹図2のようなつくりを等粒状組織といい，このようなつくりをもつ火成岩を深成岩という。深成岩は地下深くで，ゆっくりと冷え固まってできた岩石であるため，ひとつひとつの鉱物が大きくなり，その鉱物の粒が集まったつくりである。

❺アの花こう岩，ウのせん緑岩は深成岩である。また，イの安山岩，エの玄武岩は火山岩である。花こう岩は白っぽい色，玄武岩は黒っぽい色，安山岩とせん緑岩はその中間の色をした岩石である。白っぽい色をした岩石ほど，そのもとになったマグマのねばりけは強いといえる。

確かめと応用 | 単元 **4** | 大地の変化

❸ 地震の波の伝わり方

ある場所で発生した地震をA〜Dの4地点で観測した。

〔観測結果〕

表1は観測の記録で，距離Eは，実際に地震が発生した場所から，各地点までの距離を示している。図1は，A〜Cの3地点の地震計が記録した波形で，距離Eを縦軸に，地震発生前後の時刻を横軸にとって表している。3地点それぞれに，ゆれ①が始まった時刻を○で，ゆれ②が始まった時刻を●で示している。

表 1

地点	距離E	ゆれ①が始まった時刻	ゆれ②が始まった時刻
A	16 km	12時20分04秒	12時20分06秒
B	40 km	12時20分07秒	12時20分12秒
C	56 km	12時20分09秒	12時20分16秒
D	72 km	12時20分11秒	12時20分20秒

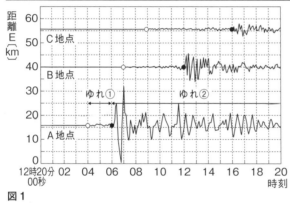

図 1

❶図1の地震計の記録からゆれ①とゆれ②の伝わる速さについてどんなことがわかるか。

❷ゆれ①が始まってから，ゆれ②が始まるまでの時間と，距離Eの間には，どのような関係があるといえるか。

❸この地震の発生時刻は何時何分何秒か。グラフに作図して求めなさい。

❹距離Eとゆれの大きさにはどのような関係があるといえるか。

❺震度とマグニチュードのちがいについて説明しなさい。

❻距離Eが同じ地点でも地震のゆれの大きさが異なることがある。これにはどのような原因が考えられるか。

〔緊急地震速報〕

緊急地震速報は，地震が起こると震源に近い地点の地震計の観測データを解析して，ゆれ②のような後からくる大きなゆれの到着時刻をいち早く各地に知らせるものである。

❼この地震において，距離Eが40kmの地点にゆれ①が到着してから4秒後に，各地に緊急地震速報が伝わったとすると，表の地点Dでは，緊急地震速報が伝わってから，何秒後にゆれ②が始まるか求めなさい。

● 解答（例）

❶ゆれ①の方がゆれ②より速く伝わる。

❷ゆれ①が始まってから，ゆれ②が始まるまでの時間が短いほど距離Eが小さい。

❸12時20分02秒

❹距離Eが小さい方がゆれは大きい。

❺震度は地震のゆれの大きさを表し，マグニチュードは地震の規模を表す。

❻地盤の性質のちがい。

❼9秒後

○ 解説

❶❷はじめにくる小さなゆれ①を初期微動といい，P波という速い波が伝える。その後にくる大きなゆれ②を主要動といい，S波というおそい波が伝える。初期微動が始まってから主要動が始まるまでの時間（P波が到着してからS波が到着するまでの時間）を初期微動継続時間といい，震源から遠ざかるほど距離に比例して長くなる。

❸図1で，○と●をそれぞれ結んでみると，直線となる。○のグラフの直線の傾きはP波の速さを表し，●の方の直線の傾きはS波の速さを表している。震源でP波とS波は同時に発生するので，この2つの直線が交わる点が，地震が発生した時刻である。図1から読みとると，12時20分02秒ごろである。

❹図1を見ると，ゆれ②（主要動）は震源に近いほど大きい。

❺日本で使われている震度は，ゆれの程度を震度0から7までの10段階（震度5，6は強と弱に分けられている）で表しているので，同じ地震でも観測地点によって異なる。これに対して，マグニチュードは地震そのものの規模（エネルギーの大きさ）を表すので，同じ地震なら1つの値しかない。

❼距離Eが40kmの地点は，表1より地点Bである。地点Bでゆれ①（初期微動）が始まった時刻12時20分07秒の4秒後の12時20分11秒に緊急地震速報が各地に伝わる。地点Dのゆれ②（主要動）が始まる時刻は，12時20分20秒だから，12時20分20秒－12時20分11秒＝9秒後にゆれ②は始まる。

単元
4

大地の変化

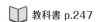
教科書 p.247

確かめと応用 | 単元 **4** | 大地の変化

4 地球の表面

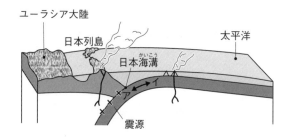

❶地球の表面をおおっている，厚さ100 kmほどの岩盤(がんばん)を何というか。

❷太平洋側にある❶の岩盤はア，イどちらの方向に移動しているか。

❸日本列島付近に地震が多い理由を❶の語句を使って説明しなさい。

❹津波(つなみ)が発生するしくみを❶の動きをもとに説明しなさい。

● 解答(例)

❶プレート

❷ア

❸日本列島付近には4つのプレートが接しているため，地震が多い。

❹プレートの境界付近を震源とする大きな地震が起きたとき，震央付近の海水が持ち上げられ，津波(つなみ)を起こす。

◎ 解説

❷❸日本付近には，太平洋プレート，フィリピン海プレート，ユーラシアプレート，北アメリカプレートの4つのプレートが接している。教科書247ページの図(上図)は，日本の東北地方付近の太平洋側の太平洋プレートと北アメリカプレートが接しているようすである。海洋プレート(太平洋プレート)は，大陸プレート(北アメリカプレート)の下にしずみこむようにアの方向に移動し，大陸プレートの先端部(せんたん)をひきずりこむ。そのため，大陸プレートはひずみ，そのひずみにたえられなくなると，大陸プレートははね上がってもとにもどる。このとき，プレートの境界付近で海溝型地震が起きる。日本付近の大きな地震は，このプレートの境界付近で起こるものが多い。また，プレート内部でも，プレートの動きによるさまざまな力が加わっているため，活断層がずれて内陸型地震が起こる。

❹海洋プレート(太平洋プレート)にひきずりこまれた大陸プレート(北アメリカプレート)がはね上がるとき，プレートの境界付近で地震が起きるが，このとき，震源の真上(震央)(こうはんい)にある広範囲の海水が大きくもち上げられ，津波が発生する。もち上げられた海水がいちどに周辺に移動し，陸に近い浅い海では，津波はさらに高くなって陸におし寄せる。

教科書 p.247

確かめと応用 ｜ 単元 4 ｜ 大地の変化

5 地層の重なり方

ある地域の標高が異なる地点をふくむA～Dの4地点でボーリング調査を行った。その結果から地層の広がりについて調べることにした。なお，この地域では，地層の曲がりは見られず，地層はある一定の方向に傾いていることがわかっている。なお，A地点とB地点，およびC地点とD地点は南北方向で，B地点とC地点は東西方向になっている。

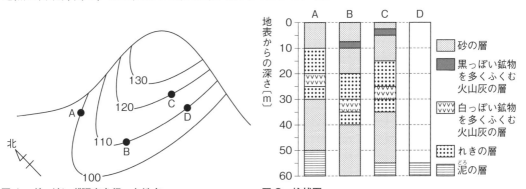

図1 ボーリング調査を行った地点　　　図2 柱状図

❶A地点の地層の重なりから，白っぽい鉱物を多くふくむ火山灰の層が堆積するときまでに，海の深さはどのように変化したと考えられるか。

❷この地域の地層からアサリの化石が発見された。どの層から発見されたと考えられるか。また，その地層が堆積した当時はどのような環境だったと考えられるか。

❸下線部の地層の曲がりを何というか。また，それはどのようにしてできるか説明しなさい。

❹地層はどの方位に向かって下がっているか。東，西，南，北で答えなさい。

❺D地点の柱状図を図2にかきなさい。

● 解答（例）

❶海の深さはじょじょに浅くなったと考えられる。

❷層…砂の層

　環境…海岸に近い砂地だったと考えられる。

❸下線部…しゅう曲

　でき方…地層をおし縮める大きな力がはたらくと，地層が曲げられる。

❹西

❺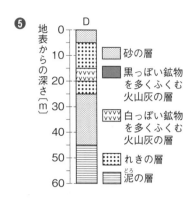

地表からの深さ〔m〕

凡例：
- 砂の層
- 黒っぽい鉱物を多くふくむ火山灰の層
- 白っぽい鉱物を多くふくむ火山灰の層
- れきの層
- 泥の層

◎ 解説

❶いっぱんに，地層は下の方がより古い地層である。A地点の地層は，下から順に，泥の層，砂の層，れきの層，白っぽい鉱物を多くふくむ火山灰の層となっているので，粒の小さな泥から，だんだんと粒の大きな砂，れきの順に海底で堆積し，れきが堆積しているときに付近で火山の噴火があったと考えられる。粒の小さな泥は海岸から遠い深い海底でしずみ，粒の大きなれきは海岸に近い浅い海底でしずむので，海の深さはだんだんと浅くなっていったと考えられる。

❷アサリの化石のように，その地層が堆積した当時の環境を知る手がかりになる化石を示相化石という。アサリやホタテガイなどがすむ環境は，海岸に近い砂地の浅い海なので，砂の層から発見されたと考えられる。

❸しゅう曲は地層が堆積した後，プレートの動きによっておし縮めるような大きな力がはたらいて曲げられた地層である。海底に堆積した地層はプレートの力を受け，長い年月をかけて変形し，しゅう曲や断層を生じながら隆起し，山地をつくる。

❹地層は連続しているため，傾きなく水平に堆積している場合，同じ標高には同じ地層が広がっている。したがって，白っぽい鉱物を多くふくむ火山灰の層に注目し，それぞれの地点のこの火山灰の層の上面の標高を求める。

図2の柱状図より，A地点は標高100mで，地表から20mの深さで白っぽい鉱物を多くふくむ火山灰の層が現れるので，標高100m−20m＝80mである。同様に，B地点は，標高110m−30m＝80m，C地点は，標高120m−25m＝95mである。

以上より，白っぽい鉱物を多くふくむ火山灰の層の上面の標高は，A地点とB地点では同じであるが，C地点はその2地点より高いので，この地域の地層は，南北方向には傾いておらず，西に向かって下がっている。

❺❹より，地層は南北方向には傾いておらず，C地点とD地点の2地点は南北方向になっているので，それぞれの地層は同じ標高に広がっていると考えられる。また，C地点よりD地点の方が10m標高は低いので，D地点のそれぞれの層は，地表からの深さがC地点より10m浅いところにある。

したがって，それぞれの層の地表からの深さは，上から順に，砂の層（0〜5m），れきの層（5〜15m），白っぽい鉱物を多くふくむ火山灰の層（15〜20m），れきの層（20〜25m），砂の層（25〜45m），泥の層（45〜60m）となる。いちばん下の泥の層は，A地点の柱状図から厚さ10m以上と考えられるので，D地点の45〜55m部分は泥の層と考えてよい。

確かめと応用　単元**4**　大地の変化

1 地層のでき方

ゆみさんは地層のでき方を調べるため次のような実験を行った。

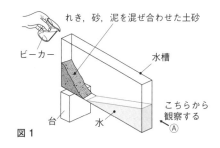

図1

〔実験1〕

①れき，砂，泥を用意し，よく混ぜ合わせて土砂とした。

②図1のような水槽に，①で用意した土砂を入れて一方に寄せて盛り上げ，水槽を台の上に置いて傾けてから，反対側に水を入れた。

③ビーカーに水を入れ，②で盛り上げた土砂の上から注いで土砂を流した。

④運ばれた土砂の重なり方を図の🅐の方向から観察した。

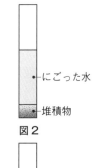

図2

〔結果1〕

底にたまった堆積物を観察すると，下にれきが堆積し，上の方にいくにしたがい，だんだんと細かい粒が堆積したが，露頭で観察する地層のようなれき，砂，泥の明確な境界線を確認することはできなかった。

〔実験2〕

そこでゆみさんは，実験1の堆積物を水槽に残したまま，もう一度，同じように土砂を置いて水を流し，運ばれた土砂の重なり方を観察した。

図3

〔結果2〕

実験1の堆積物の上に，境界線がはっきりしない，れき，砂，泥の順にだんだんと細かくなる2番目の層ができた。実験1の堆積物と実験2の堆積物の境界線は，はっきりと確認できた。

ゆみさんは，この実験の後，実際にこのような地層があるか調べたところ，地震などにより海底でくり返し土砂くずれが起こると，何層にもこのような地層が重なってできることがわかった。このような地層を実際に見られる露頭があるか調べたところ，引き潮のときに洗たく板のような地表面が見られる海岸などがこのようにしてできた地層であることが多いことがわかった。図4はこのような露頭を断面で示したものである。

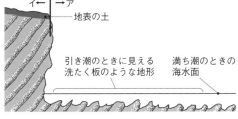

図4

❶図4のがけは長い年月の間に図中のア，イのどちらに動いていくか。記号で答えなさい。ただし，この間に気候変動による海水面の変化や，大地の変動による隆起や沈降はないものとする。

❷引き潮のときに，地表に露出した洗たく板のような地形の岩石をくわしく観察したところ，図5のように泥岩のところがくぼみ，砂岩のところが飛び出した形になっていた。このような地形のでき方をその理由もふくめて説明しなさい。

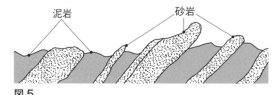
図5

❸別の場所では，このような地層がほぼ垂直に立っている露頭が観察できた。図6はそのときの地層のスケッチの一部を拡大したものである。この地層が海底で堆積したとき上であったのは図のア，イのどちらか。

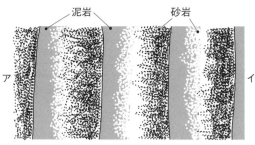
図6

❹このような，海底での土砂くずれでできた地層の中には，海底に巣穴をほって生活していたカニやシャコなどの生物の巣が化石として保存されることがある。このような巣穴の化石はどのようにしてできるのか説明しなさい。

❺地層がほぼ垂直に立ったある露頭で，❹のような巣穴の化石が観察できた。図7はそのときの巣穴のようすを模式的に示したものである。この地層が海底で堆積したとき上であったのは図のア，イのどちらか。

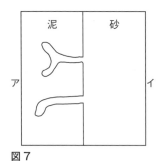
図7

● **解答（例）**

❶イ

❷砂岩の部分より泥岩の部分の方がやわらかいので，波によりやわらかい泥岩の部分が多く侵食されてくぼみ，かたい砂岩の方が残ってこのような地形になった。

❸ア

❹砂や泥の海底に巣穴をほって生活しているカニやシャコなどの巣穴の上に，一気に海底土砂くずれの堆積物が流れこみ，巣穴をうめることでできる。

❺イ

○ **解説**

❶がけは，長い年月をかけて，気温や風雨のはたらきによってもろくなり，海の波によってだんだんと侵食されていく。したがって，海に面している部分の岩石がけずられていき，がけはイの方向へと後退していく。

❷洗たく板のような地形部分を波食棚とよぶが，この部分は潮の満ち引きによって，絶えず侵食され，平らな地形になる。しかし，同じように波に侵食されても，泥岩の方がやわらかく，砂岩の方がかたいため，けずられ方にちがいが出て，教科書248ページの図5のような形になる。

❸土砂くずれでできる地層のでき方のモデルとして行った実験1の結果1より，一度だけ水を流したときは，れき，砂，泥の明確な境界線が確認できなかった。しかし，二度の土砂くずれが起きたときの地層のでき方のモデルとして行った実験2の結果2では，図3のように，実験1の堆積物と実験2の堆積物の間にははっきりとした境界線ができた。以上のことより，図6のような地形でも，一度の土砂くずれで堆積した砂の層と泥の層の境界線ははっきりしないが，複数回の土砂くずれの堆積物と堆積物の境界線は，はっきりしていると考えられる。よって，粒の大きい砂岩が泥岩の下にできることと図3をふまえると，アが上であると考えられる。

❺生物が巣穴をほり進めた方向が下である。泥の層の海底にほられた巣穴の上に，土砂が流れこんで，さらに粒の大きな砂の層が積み重なった。うめられた巣穴は長い年月をかけて，化石になった。

単元 **4** 大地の変化

教科書 p.249　活用編

確かめと応用　単元 **4**　大地の変化

2 露頭の観察

ゆうきさんは川の両岸にある向かい合う露頭を観察して，図１のａとｂの２つの柱状図をかいた。ａは川の西側の露頭，ｂは川の東側の露頭の柱状図である。

この柱状図から読みとれることをもとに，次のア〜エの正誤とその理由を答えなさい。ただし，地層の逆転はなく，それぞれの柱状図の下端（かたん）はａ，ｂともに川の水面から約１ｍの高さであったとする。

ア　地層が東に下がる向きに傾いている。

イ　あたたかく浅い海だったことがある。

ウ　火山の噴火が少なくとも４度あった。

エ　この露頭から恐竜（きょうりゅう）の化石が見つかる可能性がある。

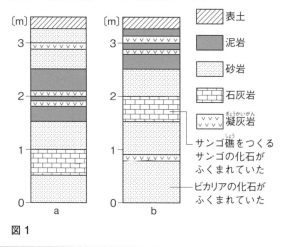

凡例：
- 表土
- 泥岩
- 砂岩
- 石灰岩
- 凝灰岩（ぎょうかいがん）

サンゴ礁（しょう）をつくるサンゴの化石がふくまれていた

ビカリアの化石がふくまれていた

図１

● 解答（例）

ア：誤　（理由）同じ地層で比べると，川の東側にあるｂの露頭の方が高いところにあるから。

イ：正　（理由）石灰岩（せっかいがん）の地層から，あたたかく浅い海の示相化石である，サンゴ礁をつくるサンゴの化石が見つかるから。

ウ：正　（理由）２つの地層を比較すると，凝灰岩の層が４つあることがわかるから。

エ：誤　（理由）いちばん下の地層に，新生代の示準化石であるビカリアの化石がふくまれているから。

● 解説

ア…ほぼ同じ厚さで堆積している石灰岩とその上の砂岩，泥岩の層を比べると，川の東側のｂの方が西側のａより高いところにあることがわかる。このことから，この地層は西に下がる向きに傾いていると考えられる。

ウ…火山の噴火の証拠となる凝灰岩の層が，石灰岩の層をはさんで下の砂岩の層（ｂ）に１つ，上の泥岩の層（ａ，ｂ共通）に２つ，その上の砂岩の層（ａ）に１つあるので，全部で４つある。

エ…地層の逆転が見られないこの地層では，一番下の層が新生代に堆積しているので，それより古い恐竜の化石（中生代の示準化石）が見つかる可能性はない。

p.13　第1章│生物の観察と分類のしかた

1　①顕微鏡　②低倍率　③細い線　④分類

2　①双眼実体顕微鏡　②A…視度調節リング

　　B…粗動ねじ　C…微動ねじ

　　③(例)立体的に見える。

　　④(例)水平で直射日光の当たらない，明るい

　　　場所で使う。

3　①イ→オ→ウ→ア→カ→エ

　　②気泡(空気の泡)　③100倍

○ 解説

2　③2つの接眼レンズがあり，両目で見るので，

　　物を立体的に観察できる。

3　③10×10＝100より，100倍になる。

p.24　第2章│植物の分類

1　①被子植物　②裸子植物　③果実　④種子

　　⑤単子葉類　⑥双子葉類　⑦平行　⑧主根

　　⑨胞子

2　①A…おしべ　D…がく　②D→B→A→C

　　③やく　④柱頭　⑤受粉　⑥子房　⑦胚珠

3　①A　②a…胚珠　b…花粉のう　③b

　　④(例)子房がないから。

4　①A…単子葉類　B…双子葉類　②ア，エ

　　③A…エ，カ　B…ア，ウ

5　①胞子　②胞子のう　③B

　　④(例)葉・茎・根の区別がない点。

6　①A…コケ植物　B…裸子植物

　　C…被子植物　D…単子葉類

　　②a…エ　b…ア　c…ウ　d…イ

　　③(例)網目状である。

○ 解説

2　③〜⑦おしべの先端のやくに花粉が入ってお

　　り，花粉がめしべの柱頭について受粉が起

　　こる。受粉後，子房が成長して果実になり，

　　子房の中の胚珠が種子になる。

3　①〜③Aが雌花，Bが雄花のりん片である。

　　雌花のりん片には胚珠が，雄花のりん片に

　　は花粉のうがある。

④マツのような裸子植物では，胚珠がむき出

　しで子房がないので，果実はできない。ま

　た，被子植物とちがい，花粉が胚珠に直接

　ついて受粉する。

4　②単子葉類は葉脈が平行，根は細い根がたく

　　さんあるひげ根である。双子葉類は葉脈が

　　網目状で，根は太い主根と主根から出る細

　　い側根からなる。

　　③イチョウとマツは裸子植物である。

5　④ゼニゴケは葉・茎・根の区別がなく，葉の

　　ようなものは葉状体，根のようなものは仮

　　根である。

6　②スギは裸子植物，タンポポは双子葉類，ト

　　ウモロコシは単子葉類，スギナはシダ植物，

　　エゾスナゴケはコケ植物である。

p.32　第3章│動物の分類

1　①セキツイ動物　②無セキツイ動物　③卵生

　　④胎生　⑤えら　⑥両生類　⑦ハチュウ類

　　⑧節足動物

2　①(例)背骨がある。

　　②A…両生類　E…ハチュウ類　③B，E

3　①A…魚類　B…鳥類　②ア　③胎生

　　④幼生…えらと皮膚　成体…肺と皮膚

4　①えら　②外とう膜　③軟体動物　④ウ

5　①B　②イ　③a…外骨格　b…節

　　④節足動物

○ 解説

2　イモリは両生類，カラスは鳥類，サンマは魚

　　類，トラはホニュウ類，ヘビはハチュウ類で

　　ある。

　　③魚類，両生類は水中に殻のない卵をうみ，

　　ハチュウ類，鳥類は陸上に殻のある卵をう

　　む。

3　④両生類の幼生では水中で生活し，えらと皮

　　膚で呼吸する。成体は主に陸上で生活し，

　　肺と皮膚で呼吸する。両生類は，しめった

　　皮膚をもっていて，皮膚でも呼吸している

　　ため，乾燥に弱い。

4　①アジはえらで呼吸をしている。

④クモとバッタは節足動物，ミミズは軟体動物でも節足動物でもない無セキツイ動物である。

5 ウサギはホニュウ類，ハトは鳥類，トカゲはハチュウ類，カエルは両生類，コイは魚類である。

単元2 身のまわりの物質

p.57 **第1章 身のまわりの物質とその性質**

1 ①金属光沢　②いえない。　③非金属
④質量　⑤密度　⑥10.5g/cm³
⑦有機物　⑧無機物

2 ①A…空気調節ねじ　B…ガス調節ねじ
②エ→ウ→オ→イ→ア　③青色

3 ①白くにごる。　②二酸化炭素
③炭素　④ア，エ

◎ 解説
3 ④スチールウールは燃えるが，無機物であるので，二酸化炭素は発生しない。エタノールは有機物なので，燃えると二酸化炭素が発生する。

p.64 **第2章 気体の性質**

1 ①酸素　②二酸化炭素　③水素
④アンモニア　⑤下方置換法
⑥上方置換法　⑦水上置換法
⑧上方置換法

2 ①⑦無色　⑦無臭　⑦酸
②(例)手であおいでかぐ。
③A…イ　B…ウ　C…ア
④下方置換法，水上置換法(順不同)

◎ 解説
2 ③Aは水素，Bは酸素，Cは二酸化炭素である。
④二酸化炭素は水に少ししかとけないので，水上置換法で集めることができる。また，空気より密度が大きいので，下方置換法でも集めることができる。

p.75 **第3章 水溶液の性質**

1 ①純粋な物質(純物質)　②混合物
③結晶　④飽和水溶液

2 ①溶質…食塩(塩化ナトリウム)
溶媒…水
②17％
③(例)ろうとのあしのとがった方を，ビーカーのかべにつける。

3 ①ウ　②再結晶
③(例)温度による溶解度の変化が小さいから。

◎ 解説
2 ② $\dfrac{40\,g}{40\,g + 200\,g} \times 100 = 16.6\cdots$
よって，17％

3 ①硝酸カリウムは溶解度が温度によって大きく変化するため，水溶液を冷やしていくと結晶が出てくる。

p.84 **第4章 物質の姿と状態変化**

1 ①状態変化　②変わらない。　③大きくなる。
④沸点　⑤融点　⑥蒸留

2 ①⑦固体　⑦液体
②変わらない。　③大きくなる。　④ウ

3 ①変わらない。　②大きくなる。
③しずむ。

4 ①A…0℃　B…100℃
②A…融点　B…沸点
③⑦ア　⑦エ　⑦イ　⑦オ
④小さくなる。

5 ①液体A
②A…混合物　B…純粋な物質
③変わらない。

6 ①沸騰石
②(例)出てきた蒸気を冷やして液体にするため。
③エタノール
④(例)においをかぐ。火をつける。
⑤沸点

◎ 解説
2 ④気体の粒子は粒子と粒子の間が広く，自由に飛び回っている。

3 ③ロウの密度は液体のときより固体のときの方が大きいので，固体のロウはしずむ。

4 ④水は，固体から液体に変化すると，体積が小さくなるので，密度は大きくなる。

5 ①②純粋な物質の沸点は，沸騰し続けている

間は一定であるが，混合物の沸点は決まった温度にならない。

③沸点は物質の種類によって決まっていて，物質の量には関係ない。

6 ③エタノールの沸点は水よりも低いので，先にエタノールの気体が多く出てくる。

④エタノールはアルコールの独特のにおいがする。また，火をつけると燃える。

単元3 身のまわりの現象

p.110 | 第1章 | 光の世界

1 ①光源　②光の直進　③乱反射
④光の屈折　⑤焦点　⑥実像　⑦虚像　⑧⑦

2 ①A…入射角　B…反射角　②等しい。

3 ①B　②屈折角　③まっすぐ進む。
④(境界面で)反射した光

4 ①イ　②ア　③ウ　④下図　⑤エ

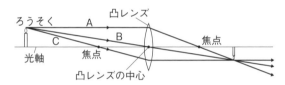

5 ①a…10cm　b…10cm
②イ　③小さくなる。

○ 解説

3 ①空気中→ガラスの中　入射角＞屈折角
④入射した光の一部は境界面で屈折し，残りは境界面で反射される。

4 ④①～③の光のどれか2つで作図できる。
⑤図の場合，Cの光がさえぎられ，凸レンズを通る光の量が減るので，像は暗くなる。

5 ①凸レンズからの距離が焦点距離の2倍の位置に物体を置くと，物体と同じ大きさの実像が焦点距離の2倍の位置にできる。
②スクリーンの裏側から見た像は，「R」とは上下左右が逆向きになっている。

p.117 | 第2章 | 音の世界

1 ①音源　②振幅　③振動数　④510m

2 ①弦のふれるはば(振幅)　②音の大きさ
③音の高さ(振動数)　④多くなる。

3 ①ウ　②ア　③同じ大きさで低い音

○ 解説

1 ④音は，音源の位置とビルの間を往復するのに3秒かかる。340m/s×3s÷2＝510m

2 ②弦をはじく強さで，音の大きさが変わる。
③振動する弦の長さで音の高さが変わる。

3 ①振幅によって音の大きさが変わる。
②振動数によって音の高さが変わる。

p.128 | 第3章 | 力の世界

1 ①垂直抗力　②弾性の力(弾性力)
③重力　④摩擦力
⑤2力が一直線上にある。
2力の大きさが等しい。
2力の向きが逆である。(順不同)

2 ①イ　②ウ　③イ　④ア

3 ①磁石の力(磁力)
②(例)反発し合う力
③ウ
④右図(長さ3cmの矢印)

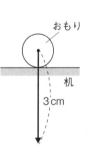

4 ①比例(の関係)
②フックの法則
③3.5cm　④3N　⑤7.2cm

5 ①5.4N　②0.9N　③540g
④重力　⑤物体の質量

○ 解説

4 ③このばねは1Nの力で0.5cmのびる。7Nの力で，ばねは0.5cm×7＝3.5cmのびる。
④ばねののびは6.5cm－5.0cm＝1.5cm。このときばねに加わる力は，グラフより3N。
⑤ばねに加わる力は4.4N。ばねののびをxとすると，2N：1.0cm＝4.4N：x，
$x＝1.0cm×4.4N÷2N＝2.2cm$

5 ②地球の重力の6分の1になるので，
5.4N÷6＝0.9N

単元4 大地の変化

p.150 | 第1章 | 火をふく大地

1 ①マグマ　②噴火　③溶岩
④火山灰　⑤火山弾

2 ①B→C→A　②B　③B
④A…ウ　B…イ

3 ①火成岩　②等粒状組織　③深成岩

④a…斑晶　b…石基　⑤斑状組織
⑥火山岩　⑦B

4 ①イ　②長石　③ハザードマップ

5 A…はんれい岩　B…花こう岩　C…流紋岩
D…玄武岩

◎ 解説

2 ①～③マグマのねばりけが強いと溶岩の色は
白っぽく，爆発的な激しい噴火をし，盛り
上がったような形の火山となる。

3 ⑦マグマが地表や地表付近で急に冷え固まる
と，結晶が大きくなりきれない。

4 ①火山灰から余分な物をとり除くため，水が
きれいになるまでくり返して洗う。

5 火成岩A，Bはマグマが地下深くでゆっくり
と冷え固まってできた等粒状組織の深成岩。
火成岩C，Dは斑状組織の火山岩。

---

p.158 | 第2章 | **動き続ける大地**

1 ①震源　②震央　③初期微動　④P波
⑤主要動　⑥S波　⑦初期微動継続時間
⑧震度　⑨マグニチュード　⑩断層

2 ①A…初期微動　B…主要動
②A…P波　B…S波
③(例)速さがちがうから。　④長くなる。

3 ①B　②⑦同心円(円形)　⑦小さく

4 ①b　②3.5km/s　③(午後3時)15分3秒
④(午後3時)15分23秒　⑤20秒

5 ①プレート　②⑦B　⑦A　⑦A
③津波　④活断層

◎ 解説

2 ③④P波よりS波の速さは遅く，震源から離
れるほどS波は遅く伝わる。

3 ②地震の波の広がりと震度は，震央を中心に
同心円状に分布する。

4 ③④グラフより，70km離れたところでは初
期微動は地震発生から10秒後に，主要動
は地震発生から20秒後に伝わる。
⑤グラフから，初期微動継続時間は震源から
の距離に比例していることがわかる。

---

p.172 | 第3章 | **地層から読みとる大地の変化**

1 ①風化　②凝灰岩　③石灰岩
④二酸化炭素　⑤しゅう曲

⑥プレート　⑦柱状図

2 ①侵食　②扇状地　③れき→砂→泥　④れき
⑤(例)れきは粒の大きさが大きく，流れる水
にはやくしずむため。
⑥(例)角がとれてまるみを帯びている。
⑦(例)岩石にふくまれる粒の大きさ。

3 ①ウ　②れき岩　③示準化石　④中生代
⑤(例)火山灰などが固まってできた凝灰岩が
見られるから。

4 ①示相化石
②(例)ある時期に広い範囲で堆積するため。
③記号…c　理由…(例)粒の小さい泥が河
口から遠く離れたところに運ばれて堆積し
たと考えられるから。

◎ 解説

1 ③堆積した生物の骨格や殻がおし固められて
できた岩石は，石灰岩やチャートなどであ
るが，チャートはうすい塩酸に反応しない。

2 ②平野に出たところに扇状地，海に出たとこ
ろに三角州がつくられることがある。扇状
地にはれきが多く，三角州には砂や泥が多
い。
③～⑤粒の大きいものから先にしずんでいく。

3 ⑤火山灰は図にはないので，火山灰などが固
まって凝灰岩ができたことを書く。

4 ③泥は粒の大きさが小さく，砂やれきに比べ
て，流れる水によって河口から離れたとこ
ろまで運ばれる。